RELATIVIDAD, AGUJEROS NEGROS Y UNIVERSO:

Fundamentos de Teoría de la Relatividad Especial y General, Agujeros Negros y Cosmología en 2024

Ángel Torregrosa Lillo

Einstein, cabello y violín,
Hacemos nuestra última reverencia;
aunque sólo comprendido por dos personas,
él mismo y, a veces, Dios

Jack C. Rosseter
(The Mathematics Teacher, noviembre 1950, p 341)

Título: *Relatividad, Agujeros Negros y Universo.*

Subtítulo: *Fundamentos de Teoría de la Relatividad Especial y General, Agujeros Negros y Cosmología en 2024.*

© Ángel Torregrosa Lillo, 2024

I.S.B.N: 978-1-304-01766-6
Editorial Lulu

www.relatividad.org

Reservados todos los derechos. Ni la totalidad ni parte de este libro puede reproducirse o transmitirse por ningún procedimiento electrónico o mecánico, incluyendo fotocopia, grabación magnética o cualquier almacenamiento de información o sistema de reproducción, sin permiso previo y por escrito de los titulares del Copyright.

Les dedico este libro a Eva, mi mujer,
a mis hijos Miguel y María,
que han soportado mis discursos
y mi pasión por la ciencia, y a mis
padres, que tanto me han apoyado

ÍNDICE

ÍNDICE 5
INTRODUCCIÓN 9
   PRÓLOGO 9
   PRÓLOGO de Rafael Alemañ al libro "Relatividad y Universo": En las orillas de mundo infinitos 11
   PREFACIO 25
SECCIÓN 1: LA RELATIVIDAD EN POCAS PALABRAS 27
   1- EL ÉTER, LAS EXPERIENCIAS DE FIZEAU Y MICHELSON, Y LAS TEORÍAS DE LORENTZ 27
   2- EINSTEIN Y LA RELATIVIDAD 34
   3- LA GRAVEDAD: TEORÍA DE LA RELATIVIDAD GENERAL 42
   4- PARADOJAS y CONCLUSIONES 50
SECCIÓN 2: PROFUNDIZANDO EN RELATIVIDAD ESPECIAL 53
   5- DERIVACIÓN DE LAS TRANSFORMACIONES DE LORENTZ AL ESTILO EINSTEIN 53
   6- UNA DEDUCCIÓN SENCILLA DE LAS TRANSFORMACIONES DE LORENTZ y dos aplicaciones 57
   7- TEOREMA DE ADICIÓN DE VELOCIDADES 62
   8- TEST DE FIZEAU: MEDICIÓN DE LA LUZ EN AGUA EN MOVIMIENTO 63
   9- EL ESPACIO EN CUATRO DIMENSIONES, MINKOWSKI 67
   10- MASA Y ENERGÍA: MASAS EN MOVIMIENTO Y ENERGÍA CON CUADRIVECTORES, $E=Mc^2$ 72
   11- LA PARADOJA DE LOS GEMELOS EXPLICADA CON LINEAS DE UNIVERSO 76
   12- SIMULTANEIDAD, FTL Y RUPTURA DE CAUSALIDAD 81
   13- EL EFECTO DOPPLER 87

14- FUERZAS EN RELATIVIDAD ESPECIAL.....................95

SECCIÓN 3: PROFUNDIZANDO EN RELATIVIDAD GENERAL..99

15- PROFUNDIZANDO EN LA GRAVEDAD: La métrica de SCHWARZSCHILD...99

16- FRENANDO A LA LUZ..102

17- TIEMPO PROPIO EN ÓRBITAS CIRCULARES, y tercera Ley de Kepler...107

18- CONTRACCIÓN DE LONGITUDES EN LA RELATIVIDAD GENERAL...111

19- ONDAS GRAVITACIONALES..114

20- LOS GPS Y LA RELATIVIDAD......................................116

21- MERCURIO Y LA PRECESIÓN ANÓMALA DEL PERIHELIO DE SU ÓRBITA...119

22- ARRASTRE DEL ESPACIO (frame draging), MÉTRICA DE KERR y el EFECTO GEODÉSICO O DE SITTER 122

23- VELOCIDADES Y TIEMPOS DE CAÍDA DE UN OBJETO RADIALMENTE A UNA GRAN MASA, o a un agujero negro..127

SECCIÓN 4: LOS AGUJEROS NEGROS.....................135

24- INTRODUCCIÓN A LOS AGUJEROS NEGROS........135

25- COMO SE FORMAN LOS AGUJEROS NEGROS......136

26- LA TEORÍA DE LA RELATIVIDAD ESPECIAL Y LOS AGUJEROS NEGROS..138

27- LA RELATIVIDAD GENERAL Y LOS AGUJEROS NEGROS..141

28- DETECCIÓN DE AGUJEROS NEGROS......................144

29- EL AGUJERO NEGRO NO PUNTUAL.........................148

30- GRÁFICOS DE UNA ESTRELLA COLAPSANDO....151

31- AGUJEROS EN ETERNA FORMACIÓN, AGUJEROS NEGROS PRIMIGENIOS, AGUJEROS DE GUSANO, ESFERA FOTÓNICA, RADIACIÓN DE HAWKING Y OTROS...154

32- AGUJEROS EN ROTACIÓN (DE KERR).....................159

SECCIÓN 5: COSMOLOGÍA..........163

33- INTRODUCCIÓN..........163

34- LA EXPANSIÓN DEL UNIVERSO, el Big Bang y la edad del universo..........164

35- EL DESPLAZAMIENTO AL ROJO DE LAS GALAXIAS, "redshift" z y la relatividad..........168

36- EL PARADIGMA DEL ESPACIO EN EXPANSIÓN, EL FACTOR DE ESCALA a(t)..........174

37- MODELOS COSMOLÓGICOS BÁSICOS DE UNIVERSO..........177

38- EL PRINCIPIO COSMOLÓGICO (PC)..........182

39- LA RADIACIÓN DE FONDO DE MICROONDAS, SU ANISOTROPÍA y los sistemas de referencia..........184

40- DEDUCCIÓN DE LA DENSIDAD CRÍTICA y el PROBLEMA DE LA PLANITUD..........190

41- LA ENERGÍA OSCURA, MODELOS DE UNIVERSO SEGÚN DENSIDADES y datos de mediciones..........195

42- EL PROBLEMA DEL HORIZONTE, el BIG BANG Y EL MODELO ΛCDM..........199

43- LA MÉTRICA DE FRIEDMANN-LEMAITRE-ROBERTSON-WALKER, relatividad general y cosmología....205

44- GEOMETRÍA DEL UNIVERSO, CURVATURA y la ECUACIÓN DE FRIEDMANN..........208

SECCIÓN 6: REFLEXIONES SOBRE RELATIVIDAD Y COSMOLOGÍA y anexos..........217

45- CONSECUENCIAS DEL PARADIGMA DEL UNIVERSO EN EXPANSIÓN. MODELO DE EXPANSIÓN CONSTANTE o lineal..........217

46- MODELANDO EL CASO DE UNIVERSO DE EXPANSIÓN CONSTANTE y calculando el radio del universo, su edad y su volumen..........225

47- ¿SON POSIBLES LOS UNIVERSOS INFINITOS?.....232

48- EL EFECTO SAGNAC Y SUS CONSECUENCIAS....237

49- EL SIGNIFICADO DE LA CUARTA TRANSFORMACIÓN DE LORENTZ. SINCRONIZANDO RELOJES 242
50- EL PRINCIPIO DE RELATIVIDAD............................249
51- BUSCANDO SISTEMAS INERCIALES......................251
52- UNA EXPERIENCIA Y TRES PUNTOS DE VISTA. DOS NAVES EN DIRECCIONES OPUESTAS. Ejercicio físico-matemático..254
53- UN DEBATE SOBRE LA PARADOJA DE LOS GEMELOS..259

PARA SABER MÁS:..275
BIBLIOGRAFÍA y Referencias..275
AGRADECIMIENTOS FINALES..................................280

INTRODUCCIÓN

PRÓLOGO

Dos de los libros que más han influido en mí han sido "Introducción a la ciencia", de Georges Gamow, y "El Universo" de Isaac Asimov". Estos libros me introdujeron una visión del universo y de la física diferente de la que se obtiene en la enseñanza formal y académica, y me estimularon inconscientemente a una búsqueda por la comprensión de temas tan complejos como los agujeros negros, la teoría de la relatividad o la forma, estructura y tamaño del universo.

¿Qué sucede si caes en un agujero negro? ¿Cómo es de grande nuestro universo? ¿Se puede detener el tiempo? ¿Podemos viajar más rápido que la luz? ¿Qué es el espaciotiempo? ¿Por qué los cuerpos se atraen? ¿Tiene solución la paradoja de los gemelos? Hay muchas preguntas que inquietan una mente inquieta y con ansias de comprender, y que abren un camino hacia el estudio, la lectura y la búsqueda de conocimiento.

Este libro pretende acercar años de aprendizaje y búsqueda a quienes desee traspasar esa puerta de la curiosidad y el deseo de comprender el universo.

Tras catorce años, este libro surge como una gran ampliación, reestructuración y corrección de otro libro que publicamos en 2010, *"Relatividad y Universo"*, que a su vez era ampliación de otro de 2002, *"Relatividad fácil"*, cuyo germen fue la unión de tres artículos que realicé con la intención de divulgar estos temas tan atractivos como confusos para la mayoría (agujeros negros, teoría de la relatividad, cosmología). En los últimos 14 años, han sido publicados numerosos artículos sobre agujeros negros y, sobre todo, sobre cosmología, que han impulsado a una gran actualización y a la vez ampliación.

El libro ha sido escrito tratando de evitar que se convirtiera en un texto típico en el que te encuentras constantemente frases del tipo *"se deduce que ..."* o *"fulanito dedujo que ..."* siempre que ha sido posible, y que no nos muestra como se llega a esas conclusiones, pero a la vez se ha tratado de evitar un documento puramente científico plagado de cálculos tensoriales ininteligibles, de modo que espero que con unos conocimientos de física de bachillerato o primero de universidad sea suficiente para entender la mayoría de las deducciones más complicadas del texto. Además, ha sido escrito con una perspectiva histórica de la teoría de la relatividad que se ha considerado necesaria para entenderla correctamente.

Así, casi sin pretenderlo, se ha ido convirtiendo en algo parecido a un manual de un curso universitario sobre relatividad y cosmología. Por otro lado, cualquiera puede leerlo saltándose las demostraciones basadas en fórmulas físicas y aún así creo que puede resultar interesante. Incluso supongo que algunos preferirán ir directamente a las sección de agujeros negros o a la de cosmología.

Espero que este trabajo contribuya en algo a la divulgación y comprensión de unos temas tan apasionantes, y para empezar no me resisto a repetir a continuación el magnífico prólogo que Rafael Alemañ Berenguer escribió para la anterior versión, de 2010, más incompleta de este libro, que se denominó "Relatividad y Universo"[67].

Indicar por último que en este libro, respecto a mi anterior libro "Relatividad y Universo", se han corregido algunas erratas y errores de redacción, añadido nuevos capítulos, como el de velocidades y tiempos de caída relativistas hacia grandes masas, y ampliado bastantes apartados, principalmente en la sección de cosmología, que ha mejorado bastante y ha sido actualizada con datos recientes de observaciones (por ello lo del subtítulo de ...a 2024). Además hemos mejorado la numeración de las fórmulas y ampliado mucho la bibliografía, alcanzando más de 60 referencias para que el lector pueda acudir a fuentes fiables para ampliar o confirmar lo que lee.

Ángel Torregrosa Lillo

PRÓLOGO de Rafael Alemañ al libro "Relatividad y Universo": En las orillas de mundo infinitos.

Hay ocasiones en las que una petición recibida, deja de ser un mero compromiso para transmutarse a la vez en un honor y un placer. En ese caso me encuentro gracias a mi amigo Ángel Torregrosa Lillo, quien me ha honrado proponiéndome escribir un prólogo para este libro que el amable lector tiene en sus manos, Relatividad y Universo. En esta magnífica obra –destinada sin duda a convertirse en un clásico de la divulgación en su campo– se despliegan ante nosotros los rudimentos de una de las grandes revoluciones en la física del siglo XX, la Relatividad de Einstein, ni más ni menos. El perfil de un sabio con el pelo ensortijadamente revuelto y mirada absorta en el horizonte de sus inabarcables pensamientos, constituye ya un icono inconfundible en la historia de la ciencia. La silueta del Einstein maduro, triunfante en su carrera profesional y defensor de las libertades públicas contra los totalitarismos de toda laya, sin duda se preserva en la mente de la mayoría de nosotros como una imagen arquetípica del sabio entrañable.

Pocos de sus admiradores, sin embargo, conocen la obra del gigante intelectual que con tanta justicia reverencian. Cuando se habla de relatividad, no son muchos los que pueden emitir algo más que comentarios vagos e inconcretos. No es este el caso, desde luego, de Ángel Torregrosa, uno de los primeros autores en lengua española de una página en Internet dedicada a la relatividad y los agujeros negros. De sus reflexiones y debates surgió la idea de elaborar este texto, en el que se esbozan las líneas maestras de la teoría relativista de Einstein, un auténtico revulsivo para nuestras más caras intuiciones sobre el tiempo, el espacio y el movimiento. Un debate multisecular cuyas raíces retroceden hasta los tiempos de Aristóteles y aún antes.

El genio de Isaac Newton comenzó a poner un poco de orden en el paisaje de la estéril escolástica medieval, sentando con ello las bases de una mecánica racional que llegaría a serlo plenamente sólo en las manos de los geómetras del siglo XVIII (Euler, los Bernouilli, etc.). Las tres leyes del movimiento de Newton más la gravitación universal, se alzaron durante más de doscientos años como un paradigma de perfección envidiado por cualquier otra parcela de la física. Pero los descubrimientos de la óptica y el electromagnetismo socavaron la confianza en la robustez de sus premisas. A caballo entre los siglos XIX y XX quedó claro que las leyes newtonianas de movimiento resultaban incompatibles con la teoría electromagnética, y fue el acerado intelecto de Einstein el que comprendió cuál era la salida lícita de aquel laberinto.

Ocurría que las leyes de la mecánica clásica obedecían unas ciertas transformaciones de coordenadas que permitían pasar desde unos sistemas de referencia inerciales a otros (transformaciones de Galileo). Ahora bien, las transformaciones de coordenadas para las ecuaciones electromagnéticas eran distintas entre dichos sistemas inerciales de referencia (transformaciones de Lorentz). Einstein fue quien primero comprendió que las transformaciones de Lorentz habían de regir siempre y en todos los casos, modificando sustantivamente nuestras concepciones sobre el espacio, el tiempo y todas sus magnitudes derivadas. Así nació en 1905 la Relatividad Especial, posteriormente reforzada por el formalismo de cuatro dimensiones, mediante el cual el espacio y el tiempo se fundían en un andamiaje de espacio-tiempo, introducido por un antiguo profesor de Enstein, Hermann Minkowski.

Dado que en los tiempos del genio alemán tan solo se conocían dos fuerzas fundamentales, la electromagnética y la gravitatoria, parecía lógico que tras formular la relatividad Especial, Einstein tratase de insertar la gravitación en el nuevo marco espacio-temporal relativista. Tras una furiosa pugna científica con los numerosos y tremendos obstáculos hallados en su camino, el resultado final culminó en 1915 con la Relatividad General, la teoría relativista de la gravedad. Einstein creyó en un principio que la Relatividad General relativizaba los movimientos inerciales y no inerciales en el mismo sentido que la Relatividad Especial lo había hecho con el movimiento inercial y el reposo. Se equivocaba; como después señalaría el físico ruso Valdimir Fok, los movimientos inerciales (líneas espacio-temporales rectas) seguían siendo en la relatividad general tan distinguibles de los movimientos inerciales (trayectorias espacio-temporales curvas) como siempre. Sin embargo, la importancia capital de la nueva teoría relativista de Einstein se puso de manifiesto con su aplicación al universo en su conjunto. Siendo la gravedad la fuerza dominante en las escalas cósmicas, no era de extrañar que la relatividad general deviniese pronto en el fundamento de la cosmología científica, así nacida a comienzos del siglo XX.

La física relativista, además de ingrediente indispensable en la construcción de una imagen científica del mundo, sigue hoy tan viva y abierta a las investigaciones como en los tiempos de su nacimiento. El problema del tiempo, el origen y destino del universo, el conjunto de posibles soluciones de las ecuaciones gravitatorias de Einstein, y muy especialmente su combinación con la teoría cuántica, permanecen como fronteras del conocimiento desafiando el tesón de los eruditos a cuya indagación deciden entregar sus energías. Muchos de estos temas son abordados en el libro de Ángel Torregrosa, y otros muchos por falta de espacio se insinúan sin desmerecer su importancia, razón por la cual valdrá la pena comentarlos aquí someramente.

El concepto físico de tiempo

El problema del tiempo comenzó hace un siglo, cuando las Teorías de la Relatividad Especial y General de Einstein derrocaron la idea del tiempo como una magnitud uniforme en todo el universo. Una consecuencia es que pasado, presente y futuro no son absolutos. Las teorías de Einstein también abrieron una grieta en la física debido a que las reglas de la relatividad general (que describen la gravedad y la estructura a gran escala del cosmos) parecen incompatibles con las de la física cuántica (que gobierna el dominio de lo diminuto). Unas cuatro décadas más tarde, el renombrado físico John Wheeler, entonces en Princeton, y el posteriormente Bryce DeWitt, entonces en la Universidad de Carolina del Norte, desarrollaron una extraordinaria ecuación que proporciona un posible marco de trabajo para unificar la relatividad y la mecánica cuántica. Pero la ecuación de Wheeler-DeWitt siempre ha sido controvertida, en parte debido a que añade otro giro si cabe aún más desconcertante al asunto, ya que parece convertir la variable tiempo en algo superfluo de lo que puede prescindirse.

Hay un dominio temporal llamado escala de Planck, donde incluso los attosegundos parecen eones. Esto marca el límite de la física conocida, una región donde las distancias e intervalos son tan cortos que los mismos conceptos de espacio y tiempo comienzan a colapsar. El tiempo de Planck –la unidad más pequeña de tiempo que tiene sentido a nivel físico– es 10^{-43} segundos, menos de una billonésima de billonésima de un atto-segundo. ¿Más allá qué hay? Lo desconocido, al menos por ahora. Los esfuerzos por comprender el tiempo por debajo de la escala de Planck han llevado coyunturas extremadamente extrañas de la física. El problema, en síntesis, es que el tiempo puede no existir en el nivel más fundamental de la realidad física. Si esto es así, entonces, ¿qué es el tiempo? ¿Y por qué es tan obvia y tiránicamente omnipresente en nuestra propia experiencia?

¿Qué hubo antes del Big Bang?

En principio esa pregunta carece de sentido, puesto que en el Big Bang nació también la magnitud tiempo, de modo que no pudo existir un "antes" del Big Bang. Sin embargo, una tentativa de combinar la relatividad general con la física cuántica, llamada gravedad cuántica de bucles (LQG en inglés) podría dar un nuevo sentido a la cuestión

La LQG es una de las teorías que aspiran a unificar la mecánica cuántica y la gravedad relativista, como la más popular Teoría de Supercuerdas. La Gravedad cuántica de bucles se llama así por perseguir la unificación de ambas teorías y por considerar que el propio espacio-tiempo está cuantizado en una especie de "lazos" o "bucles" de unos 10−35 metros de tamaño y entrelazados unos con otros, representados matemáticamente por operadores relacionados con las llamadas redes de espín. Esta teoría aún no ha sido completada, pero sigue avanzando y puede convertirse en un rival de consideración para los otros modelos de gravedad cuántica.

De acuerdo con la teoría de Einstein, el Big Bang es una singularidad de densidad infinita. Siendo así, no existe conexión teórica posible entre lo que ocurrió después y lo que sucedió antes:

nuestras leyes físicas se colapsan justo en el momento del Big Bang. De hecho, no tendría ni siquiera sentido hablar de un "antes del Big Bang". Sin embargo, añadiendo la cuántica a la gravedad relativista, el modelo de la LQG predice que en el momento del Big Bang el volumen, aunque es muy pequeño, no es cero, y la densidad, a pesar de ser muy grande, no es infinita. Dicho de otra manera, de acuerdo con la LQG el Big Bang no fue una singularidad.

Ondas gravitatorias
Una de las predicciones de la teoría de la gravitación de Einstein es que toda variación brusca de la distribución de masa provocará variaciones en la configuración local del espacio-tiempo que se propagarán en forma de ondas gravitacionales. Tales ondas, arrugas en la curvatura del espacio-tiempo deben emitirlas masas en movimiento acelerado, de manera análoga a como las ondas electromagnéticas son emitidas por cargas eléctricas sometidas a una aceleración. La producción de ondas gravitacionales se asemeja, pues, a la producción de ondas electromagnéticas. Un objeto cargado eléctricamente y en movimiento radia ondas electromagnéticas con amplitud proporcional a su carga eléctrica y a su aceleración. La carga gravitatoria de un objeto es su masa; y así, la amplitud de una onda gravitacional será proporcional a la masa del objeto y a su aceleración. La teoría general de la relatividad de Einstein sugiere que la Tierra se halla inmersa en un baño continuo de energía procedente de la interacción gravitatoria de estrellas y objetos celestes distantes. De acuerdo con esta teoría, la energía liberada por una gran perturbación cósmica, como pueda ser la explosión de una estrella, se propaga en forma de ondas gravitacionales que, en su avance, distorsionan la morfología de cualquier región del espacio-tiempo que atraviesen. Ante tales perturbaciones el espacio-tiempo, literalmente, tiembla. Fuentes estelares de ondas gravitacionales Las estrellas y otros objetos astronómicos deben emitir, pues, ondas gravitacionales.

La observación y la medición directa de ondas gravitacionales es uno de los desafíos más importantes de la física actual. Permitirá, entre otras cosas, desvelar la fracción hasta ahora inobservada del Universo constituida por la denominada materia oscura una fracción nada desdeñable del 96%. Además del acceso a la materia oscura, hará posible la observación de agujeros negros y aportará nuevos detalles al estudio del eco de la Gran Explosión. El panorama del Universo que presumiblemente revelará la detección de las ondas gravitacionales ampliará notablemente el que ha venido ofreciendo la astronomía tradicional. Hasta la década de 1930, las ondas electromagnéticas de frecuencia óptica (luz visible) constituían la única ventana posible para observar el Cosmos. La exploración adquirió un impulso espectacular con la llegada de la radioastronomía; la apertura de las ventanas infrarroja, de rayos X y ultravioleta trajo consigo nuevos avances, al permitir el acceso a una parte de fenómenos del Universo que hasta entonces resultaban invisibles. Cada forma de radiación electromagnética ofrece una perspectiva nueva del Universo. Las ondas gravitacionales son de una clase totalmente diferente y ofrecerán una imagen completamente nueva del Cosmos. Los observatorios de ondas gravitacionales revolucionarán el panorama actual de la astronomía y de nuestro conocimiento del Universo.

Unificación de las fuerzas fundamentales

A fines del siglo XIX las leyes de la mecánica clásica y el electromagnetismo parecían explicar todos los fenómenos conocidos. Pero en 1895 se descubrieron los rayos X, en 1896 la radiactividad, Thompson observó el electrón en 1897, y esto indicó que había nuevas cosas por descubrir. Aparecieron también algunos problemas teóricos en el electromagnetismo de Maxwell. Un objeto caliente emite radiación electromagnética con una intensidad bien definida para cada frecuencia. La suma de las energías de la radiación en todas las frecuencias era infinita, un resultado absurdo. Max Planck observó entonces que si la energía, en lugar de tener una distribución continua, se emitía en paquetes discretos o cuantos, la suma sería finita y postuló que la radiación electromagnética existe en cuantos de energía. En la teoría cuántica, un campo no sólo está asociado a ondas sino también a partículas; por ejemplo, el campo electromagnético está asociado al fotón.

Así surgió la idea de la dualidad onda-partícula y de la Teoría Cuántica. En este marco se sucedieron varios avances importantes. En 1911 Rutherford presentó su modelo atómico, semejante al sistema solar: pequeños núcleos de protones y neutrones rodeados de nubes de electrones; en 1913, Bohr explicó el espectro del átomo más sencillo, el hidrógeno. La materia, a nivel microscópico o atómico y nuclear, se modeló en términos de partículas, identificadas por sus propiedades como la masa, carga, momento angular intrínseco o espín, etc. Todas ellas son de naturaleza cuántica, en el sentido de que sólo pueden tomar ciertos valores discretos. La noción de que los átomos, moléculas y núcleos poseen niveles discretos de energía es uno de los conceptos básicos de la Mecánica Cuántica. Con esta nueva concepción de la materia fue posible calcular las propiedades, no sólo de los átomos individuales y sus interacciones con la radiación, sino también de átomos combinados en moléculas. Se hizo evidente que las reacciones químicas se deben a interacciones eléctricas de los electrones y núcleos atómicos.

Otro ingrediente de esta teoría es el resultado de Dirac de 1928 según el cual para cada tipo de partícula cargada (el electrón, por ejemplo) debe haber otra especie con igual masa pero carga opuesta: la antimateria. Cuatro años más tarde la predicción de Dirac fue confirmada cuando se observó la antipartícula del electrón: el positrón. La teoría cuántica de los electrones y los fotones, la electrodinámica cuántica (QED), se usó en los años 20 y principios de los años 30 para calcular varios fenómenos (colisiones de fotones con electrones, de un electrón con otro, la aniquilación o producción de un electrón y un positrón, etc.) y produjo resultados coincidentes con los experimentos. Pero pronto apareció un nuevo problema: la energía del electrón resultaba infinita. Y aparecieron otros infinitos en los cálculos de las propiedades físicas de las partículas. Estos problemas de consistencia interna indicaron que la QED era sólo una aproximación a la teoría completa, válida únicamente para procesos que involucraran fotones, electrones y positrones de energía suficientemente baja Unificación Cuántica y Relativista La solución al problema de los infinitos apareció a fines de los años 40 y fue consecuencia de otra unificación: la Teoría Cuántica con la Relatividad Especial.

Los principios que sustentan estas dos teorías son casi incompatibles entre sí y pueden coexistir sólo en un tipo muy limitado de teorías. En la mecánica cuántica no relativista era posible imaginar cualquier tipo de fuerzas entre los electrones y los núcleos atómicos, pero esto no es posible en una teoría relativista. Las fuerzas entre partículas sólo pueden aparecer por intercambio de otras partículas, las mensajeras de las interacciones. Una representación intuitiva de la interacción electromagnética cuántica es que los electrones intercambian fotones y así se origina la fuerza electromagnética entre ellos. Las ecuaciones de esta nueva teoría se aplican a campos y las partículas aparecen como manifestaciones de esos campos. Hay un campo para cada especie de partícula elemental. Hay un campo eléctrico cuyos cuantos son los electrones, un campo electromagnético cuyos cuantos son los fotones. Los electrones libres y en los átomos están siempre emitiendo y reabsorbiendo fotones que afectan su masa y su carga y las hacen infinitas. Para poder explicar las propiedades observadas, la carga y masa que aparecen en las ecuaciones de la teoría cuántica de campos, llamadas desnudas, deben ser infinitas. La energía total del átomo es entonces la suma de dos términos, ambos infinitos: la energía desnuda, que es infinita porque depende de la masa y carga desnudas, y la energía de las emisiones y reabsorciones de fotones, que también es infinita porque recibe contribuciones de fotones de energía ilimitada. Esto sugirió la posibilidad de que estos dos infinitos se cancelaran, dejando un resultado finito. Y los cálculos efectivamente confirmaron la sospecha.

Estos cálculos eran terriblemente complicados, pero Feynman desarrolló un formalismo que permitió simplificarlos notablemente. Los diagramas de Feynman pueden pensarse como la historia real de partículas puntuales que se propagan en el espacio y a lo largo del tiempo, y que se unen y se separan en los puntos de interacción. Las líneas representan trayectorias de partículas y los vértices corresponden a las interacciones. Los infinitos o divergencias se originan en estos vértices. Son molestos pero pueden eliminarse en la QED, y las propiedades físicas resultan bien definidas y finitas. Este proceso de sustracción de infinitos se denomina renormalización. Se usaron estas técnicas para hacer varios cálculos, y los resultados mostraban una coincidencia espectacular con el experimento. Por ejemplo, el electrón tiene un pequeño campo magnético, originalmente calculado en 1928 por Dirac. Sin embargo, aunque los infinitos se cancelan cuando se los trata adecuadamente, el hecho de que aparezcan divergencias produce cierta desconfianza. Dirac se refería a la renormalización como el proceso de barrer los infinitos debajo de la alfombra. El requerimiento de una teoría finita es parecido a otros juicios estéticos que se realizan a menudo en física teórica. Encontrar teorías que no tengan infinitos parece ser un camino apropiado para avanzar en la búsqueda de la teoría final.

La primera teoría unificadora del siglo XX involucró la Relatividad General y el electromagnetismo bajo la suposición de que el número de dimensiones del espacio-tiempo es mayor que cuatro. Poco después de que Einstein publicara su teoría, el alemán Theodoro Kaluza, matemático y filólogo, publicó en 1919 un estudio de las ecuaciones de Einstein generalizándolas para un espacio-tiempo de cinco dimensiones en que la quinta dimensión «extra» se hallaba compactada, es decir, enrollada y comprimida en una circunferencia ultradiminuta. Kaluza supuso que en cada punto del espacio-tiempo tetradimensional ordinario había un pequeño círculo, lo mismo que lo hay en cada punto a lo largo de la línea de un cilindro bidimensional. Kaluza intuyó que las interacciones gravitatoria y electromagnética podrían tener un origen común y propuso unificarlas agregando una dimensión espacial. Imaginó que en cinco dimensiones sólo hay gravedad, no hay electromagnetismo.

El resultado fue muy interesante: reducida a cuatro dimensiones, la Relatividad General reproduce las ecuaciones gravitatorias y además otro conjunto de ecuaciones que resultan ser precisamente las del campo electromagnético. Así, la gravedad en cinco dimensiones se divide en gravedad y electromagnetismo en cuatro dimensiones Pero ¿por qué no percibimos la quinta dimensión? Entonces, en el año 1926, aparece el físico sueco Oskar Klein; sus cálculos indicaron que ésta es muy pequeña y está enrollada. Como al mirar un cable de lejos: parece ser una línea, pero si nos acercamos vemos que en realidad se extiende en otra dimensión. Este proceso de enrollar dimensiones se conoce como "compactación". Con el descubrimiento de las interacciones fuertes y débiles la teoría de Kaluza-Klein perdió mucho de su atractivo: una teoría unificada debería contener cuatro fuerzas, no sólo dos. Las cinco dimensiones eran insuficientes.

El siguiente gran progreso, realizado por la teoría cuántica de campos, fue la unificación del electromagnetismo con la fuerza nuclear débil. Esta fuerza, mucho más débil que la electromagnética pero mucho más intensa que la gravitatoria, se manifiesta especialmente en la transmutación de partículas. Fue postulada inicialmente para explicar el decaimiento beta, un tipo de radiactividad de ciertos núcleos atómicos inestables, en el cual un neutrón se convierte en un protón, un electrón y un antineutrino, mediante un cambio de sabor de un quark. El término sabor es el equivalente de la masa o carga en las otras fuerzas. La fuerza nuclear débil no es tan evidente en nuestra vida cotidiana como las magnéticas, eléctricas o gravitatorias, pero juega un papel decisivo en las cadenas de reacciones nucleares que generan energía y producen los elementos químicos en los núcleos de las estrellas. Esto es algo que ninguna otra fuerza puede explicar. Ni la fuerza nuclear fuerte que mantiene los protones y neutrones unidos en los núcleos, ni la fuerza electromagnética que trata de separar los protones, pueden cambiar las identidades de estas partículas, y la fuerza gravitatoria tampoco puede hacer algo así. Entonces la observación de neutrones que se convierten en protones y viceversa fue lo que puso de manifiesto la existencia de un nuevo tipo de fuerza en la naturaleza.

A fines de los años 50 del pasado siglo, las interacciones débiles se explicaban en el contexto de la teoría cuántica de campos, pero aunque la teoría funcionaba bien para el decaimiento beta, al ser aplicada a otros procesos más exóticos aparecían nuevamente infinitos; por ejemplo al calcular la probabilidad de colisión de un neutrino con un antineutrino. Los experimentos no podían hacerse porque las energías necesarias superaban las que se podían alcanzar en el laboratorio, pero obviamente los resultados infinitos no podían coincidir con ningún resultado experimental. Estas divergencias ya habían aparecido en QED y se habían solucionado con la renormalización. En cambio, la teoría de Fermi que describía las interacciones débiles no era renormalizable. La solución de estas cuestiones condujo a una nueva unificación. Así como la fuerza electromagnética entre partículas cargadas se debe al intercambio de fotones, una fuerza débil no podía actuar instantáneamente. Weinberg y Salam propusieron la existencia de otras partículas, los gluones W y Z, nuevas mensajeras que se introducían en la teoría como los fotones. Esto no sólo convirtió a la teoría en renormalizable, sino que permitió explicar, además de las interacciones débiles, las electromagnéticas. La nueva teoría unificada se llamó electrodébil. Su verificación experimental llegó mucho después: en 1983 se descubrieron las partículas W y en 1984 la Z, cuyas propiedades habían sido predichas correctamente en 1968. Nuevamente una unificación resolvía problemas y permitía explicar más fenómenos que los contenidos en la teoría previa.

¿Por qué no se separan los protones y no se desintegra el núcleo atómico debido a la fuerza de repulsión eléctrica? Esto se debe a la fuerza nuclear fuerte, una interacción que se extingue más allá de 10−13 centímetros, y cuya fuente es una carga figurativamente denominada "color", que en este caso es de tres tipos: rojo, verde y azul. La fuerza fuerte actúa también entre otras partículas pesadas llamadas hadrones, que proliferaban por los años 60 del siglo XX. Para reducir todo este enorme jardín botánico de partículas y su taxonomía, y en la mejor tradición de explicar estructuras complicadas en términos de constituyentes más simples, Murray Gell-Mann y Zweig propusieron elementos más fundamentales, llamados quarks. Los quarks se aplicaron a una gran variedad de problemas físicos relacionados con las propiedades de los neutrones, protones, mesones, etc. y la teoría funcionaba bastante bien. Pero todos los intentos experimentales de extraerlos de las partículas que supuestamente los contenían, fracasaron. La tarea parecía imposible. Desde que Thompson extrajo los electrones de los átomos siempre había sido posible separar cualquier sistema compuesto, una molécula en átomos o un núcleo en protones y neutrones. Pero parece imposible aislar los quarks. Esta característica fue incorporada en la teoría moderna de las interacciones fuertes, la cromodinámica cuántica, que prohíbe a los quarks quedar libres, mediante un proceso denominado confinamiento.

Las interacciones electrodébil y fuerte se describen actualmente con una teoría cuántica de campos basada en una gran cantidad de partículas, organizadas en una estructura de simetría llamada grupo basada en la estructura matemática del mismo nombre. De la inmensa cantidad de estructuras posibles, los datos experimentales han permitido seleccionar una, que se conoce como el Modelo Estándar. Las partículas del Modelo Estándar se dividen en dos clases con funciones muy diferentes, de acuerdo a su espín: los bosones, de espín entero, medido en unidades cuánticas, son los mensajeros de las fuerzas; y los fermiones, de espín semientero, constituyen la materia. Una combinación de teoría y experimento conduce a tres grupos de simetría, correspondientes a las tres fuerzas que describe: SU(3) por SU(2) por SU(1). Este modelo matemático explica toda la física de partículas que se ha observado hasta el presente. Sus predicciones han sido confirmadas con asombrosa precisión. El Modelo Estándar y la Relatividad General han superado todas las pruebas a que han sido sometidos. Los físicos experimentales y astrónomos han explicado cada vez mejor coincidencia entre sus resultados y observaciones y las predicciones de estas teorías. Con ellas, las fuerzas fundamentales de la naturaleza se explican, entonces, satisfactoriamente.

Todas las preguntas sobre fuerzas y materia conducen al Modelo Estándar de las partículas elementales y la Relatividad General. Sin embargo éstas, claramente, no pueden constituir la teoría final de unificación. Por un lado, aunque las interacciones nucleares fuertes están incluidas en el Modelo Estándar, aparecen como algo bastante diferente de la fuerza electrodébil, no como parte de una descripción unificada. Además, este modelo contiene muchas características que no están dictadas por principios fundamentales, sino que deben ser tomadas del experimento. Estos rasgos aparentemente arbitrarios incluyen el menú de partículas y simetrías, varias constantes e incluso los propios principios que lo sustentan. Por otro lado, no contiene a la gravedad, que se describe con una teoría muy diferente, la Relatividad General. Esta funciona bien clásicamente, cuando puede ser probada experimentalmente, pero pierde su validez a energías altas.

Se pueden aplicar las ecuaciones de la teoría cuántica de campos a la Relatividad General, pero el resultado es una teoría no renormalizable. Aparecen otros problemas: los agujeros negros, objetos predichos por la relatividad clásica, parecen desafiar los postulados básicos de la mecánica cuántica. Los dos pilares fundamentales de la física del siglo XX, la Relatividad General y la Teoría Cuántica resultan incompatibles en el contexto de las teorías de partículas. Estos son los problemas que intenta resolver la teoría M, y para ello hubo que postular nuevos principios, desarrollar nuevas ideas.

Por las orillas de esos mundos infinitos que la física relativista nos permitió atisbar, ha de conducirnos con pericia inigualable la pluma ágil y certera de Ángel Torregrosa. En la Agrupación Astronómica de Alicante –heredera y guardiana del legado de aquellas sociedades de filosofía natural cuyos más intrépidos librepensadores promovieron el movimiento de la Ilustración en el siglo XVIII– tenemos la inmensa suerte de contar con un amigo y compañero como Ángel Torregrosa, capaz de pergeñar las páginas que continuación siguen y aportar su punto de vista personal en ese proceso inacabable de perfeccionamiento del saber humano que llamamos ciencia.

Rafael Andrés Alemañ Berenguer

PREFACIO

¿Podemos calcular el volumen del universo? ¿Se expandirá para siempre o volverá a contraerse en un gran Big Crunch? Las respuestas a estas preguntas y muchas otras están íntimamente relacionadas con la teoría de la relatividad de Einstein. Así que desde mi punto de vista los conocimientos que tenemos sobre la posible estructura de nuestro universo no pueden entenderse sin la comprensión al menos básica, de la teoría de la relatividad de Einstein. Por ello, y porque este libro trata tanto de cosmología como de relatividad conseguir una estructura adecuada a este libro ha sido una tarea difícil, ya que encontrar el orden adecuado para la presentación de las diversas partes se presenta como un problema.

Me habría gustado empezar por la cosmología y los agujeros negros, pero aunque pueden ser leídas antes si no te interesa demasiado el aparato físico-matemático, el uso que hago de la teoría de la relatividad en la presentación de dichas partes me ha llevado a poner primero la parte sobre la teoría de la relatividad.

Así tenemos que este libro se divide básicamente en tres partes, más una: Una de relatividad, otra sobre agujeros negros y otra sobre cosmología, además de una última parte en la que recopilo algunas reflexiones sobre el universo y sobre relatividad que espero sean de interés.

En mi opinión las ideas de Einstein no pueden comprenderse bien si no conocemos las experiencias previas de otros científicos respecto a medición de la velocidad de la luz, las experiencias de Michelson, las discusiones sobre el éter y las ideas de Lorentz. Por ello este libro empieza con dichas experiencias y teorías, y luego paso a Einstein y las suyas. No se puede hablar de relatividad sin hablar del espacio-tiempo en cuatro dimensiones, cosa que además es necesaria para un correcta demostración de la famosa fórmula $E=mc^2$. Tratar su demostración me ha obligado a introducir los cuadrivectores o tensores a pesar de querer evitarlos. Espero que se entienda.

Respecto a la relatividad general, empiezo de un modo simple, con carácter histórico y usando solo el principio de equivalencia para algunas demostraciones, aunque esto me haga perder algo de rigurosidad, con el fin de ser didáctico, y luego introduzco la métrica de Schwarzschild como herramienta principal que es para realizar cálculos.

Algunos de estos cálculos pueden verse en los capítulos "frenando la luz", "contracción de longitudes", "tiempos propios en órbitas", junto a otros artículos como un debate sobre la famosa paradoja de los gemelos y un intento de explicarla, un problema sobre satélites y en muchos de los capítulos.

Como segunda sección podréis encontrar un bloque de apartados sobre los agujeros negros, empezando por su historia, su formación, pasando por la teoría de la relatividad aplicada a ellos y llegando hasta una pequeña hipótesis que hemos tenido la osadía de plantear sobre una posible configuración interior. Esta parte sobre los agujeros negros creo que será la más interesante de todo el libro para muchas personas.

En la tercera sección y en parte a colación sobre cierta moda incluso en la televisión hablar de los últimos descubrimientos sobre si el universo es plano o si se expande aceleradamente, antes de los anexos y reflexiones podrán encontrar una introducción a la cosmología explicando algunos de estos conceptos, enseñando como se calcula la densidad crítica que nos llevaría al colapso total del universo si se supera, muchos conceptos y datos y sobre todo hablamos sobre el modelo estándar de universo, el modelo más aceptado para el universo y las pruebas existentes de que es así.

Por último en la sección de reflexiones y anexos tenemos diversos capítulos sobre un interesante modelo alternativo de universo que cuadra aceptablemente con los datos, reflexiones sobre los sistemas inerciales y los universos infinitos, un interesante artículo (al menos para mi) sobre el efecto Sagnac, muy usado como argumento por los enemigos de la relatividad, y para acabar un ilustrativo debate en un foro sobre la paradoja de los gemelos y la relatividad.

SECCIÓN 1: LA RELATIVIDAD EN POCAS PALABRAS

1- EL ÉTER, LAS EXPERIENCIAS DE FIZEAU Y MICHELSON, Y LAS TEORÍAS DE LORENTZ

A finales del siglo diecinueve se discutía sobre si el substrato (**éter**) sobre el que se movía la luz y que se suponía que transmitía todas las fuerzas era estático o era arrastrado por los cuerpos al moverse.

Fizeau en 1851 había medido la diferencia de velocidad de la luz en una columna de agua que se movía hacia él y en otra que se alejaba de él (en el capítulo 8 detallamos el experimento). Descubrió que la diferencia de velocidades era muy pequeña lo cual era un resultado a favor del éter de **Fresnel**, el cual abogaba por un éter estático y decía que los cuerpos en movimiento arrastraban consigo parcialmente al éter, y con ello a la luz, según un coeficiente de arrastre que sería $(1-1/n^2)$ siendo n el índice de refracción del medio (que coincide con c/w siendo c la velocidad de la luz en el vacío y w la velocidad de la luz en el medio). La velocidad de la luz observada cuando el medio se mueve a una velocidad v sería:

$$c' = w + \frac{v}{1 - \frac{1}{n^2}} \qquad (1.1)$$

Con esto no se podría detectar el movimiento a través del éter si el aparato utilizado solo llegaba a una precisión del orden de v/c. Era necesario llegar a una precisión del orden de $(v/c)^2$. Además **Maxwell** en 1878 planteó que en experiencias de ida y vuelta la velocidad de la luz debería variar en función de $(v/c)^2$.

En esta situación a **Michelson** en 1881 se le ocurrió una experiencia crucial: enviar simultáneamente dos rayos de luz (procedentes de la misma fuente) en direcciones perpendiculares, hacerles recorrer distancias iguales y recogerlos en un punto común.

Uno de los rayos tardaría más que el otro debido al movimiento de la Tierra alrededor del sol y por lo tanto a través del supuesto éter. Girando el aparato, las interferencias entre los rayos deberían ser diferentes. Veamos como fue el experimento.

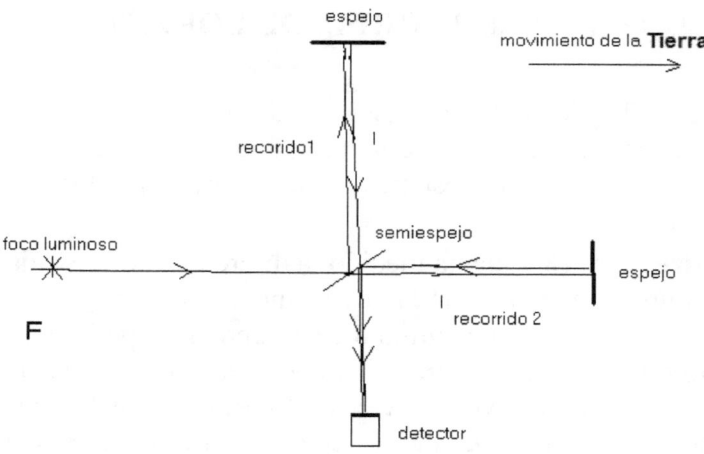

Las distancias entre los espejos y el semiespejo son iguales y miden una longitud l con lo que el recorrido 1 y 2 deberían ser iguales, pero desde el punto de vista de un observador exterior, en reposo respecto al supuesto éter, lo que se observa es esto otro:

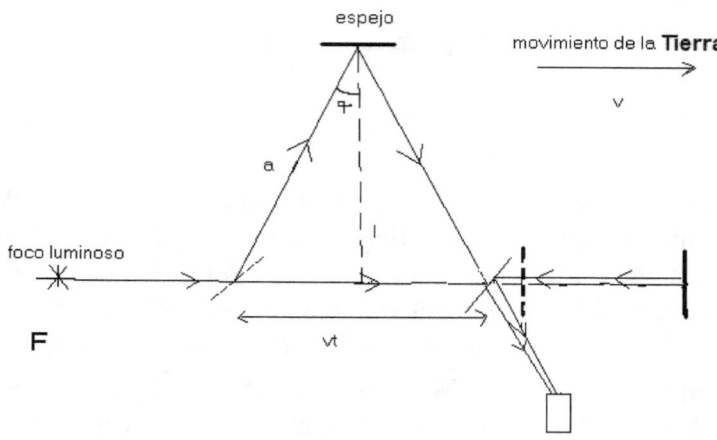

existe una diferencia entre los recorridos 1 y 2 que sólo existen para un observador situado en reposo en el supuesto éter, estático por ejemplo tal vez respecto al Sol. Para este caso, suponiendo que el éter no fuera arrastrado por la tierra al moverse a través de él sino que el éter permeara a través de la masa de la Tierra y por lo tanto de la atmósfera terrestre, si v es la velocidad de la tierra a través del espacio (unos 30 km/s de velocidad de rotación alrededor del sol, por ejemplo) tenemos que los recorridos de la luz para un observador en reposo respecto al éter (fuera del planeta) serán, aplicando la trigonometría al recorrido 1, de ida y vuelta del semiespejo al espejo superior

$$\text{Recorrido 1} = d = 2a = \frac{2l}{\cos \alpha} = \frac{2l}{\sqrt{1 - \text{sen}^2 \alpha}} = \frac{2l}{\sqrt{1 - \left(\frac{\frac{vt}{2}}{a}\right)^2}}$$

y como $a = ct/2$, siendo c la velocidad de la luz, obtenemos sustituyendo y simplificando

$$d = \frac{2l}{\sqrt{1 - \left(\frac{\frac{vt}{2}}{\frac{ct}{2}}\right)^2}} = \frac{2l}{\sqrt{1 - \frac{v^2}{c^2}}} \qquad (1.2)$$

Y para el recorrido 2 de la luz, el trayecto de ida y vuelta de la luz entre el semiespejo y el espejo de la derecha, tenemos que

Recorrido 2 = d' = d1+d2 = t_1 c + t_2 c

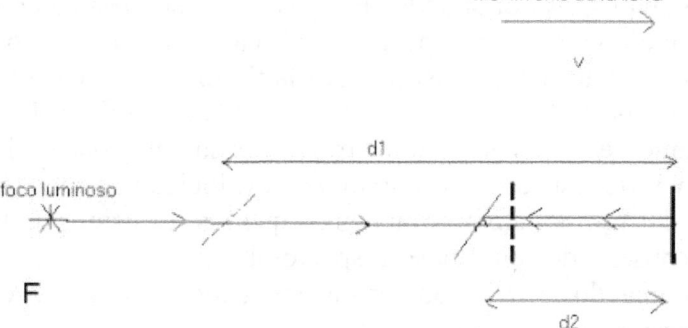

para hallar t_1 y t_2 puedo equipararlo a que a la ida (t_1) la luz va a una velocidad c-v y la distancia sigue siendo l, e igualmente para la vuelta (t_2) puedo hacer la equivalencia de que la velocidad es c+v y la distancia l. Entonces $t_1=l/(c-v)$ y $t_2=l/(c+v)$ y de aquí obtenemos sustituyendo y reduciendo a común denominador

$d' = c\ t_1 + c\ t_2 = c\ l/(c-v) + c\ l/(c+v) = c\ l(c+v+c-v)/(c^2-v^2) = 2c^2l/(c^2-v^2)$

y dividiendo numerador y denominador entre c^2 obtenemos

$$d' = \frac{2l}{1-\frac{v^2}{c^2}} \qquad (1.3)$$

Como vemos, los recorridos d y d' son diferentes con una relación

$$\frac{d'}{d} = \frac{1}{\sqrt{1-\frac{v^2}{c^2}}} \qquad (1.4)$$

sin embargo cuando realizaron el experimento no había ninguna diferencia entre las franjas de interferencia de los dos rayos por mucho que giráramos el aparato para que variasen los recorridos. Esto les llevó a la conclusión de que el éter era arrastrado, pues en ese caso no habría diferencia entre los dos recorridos.

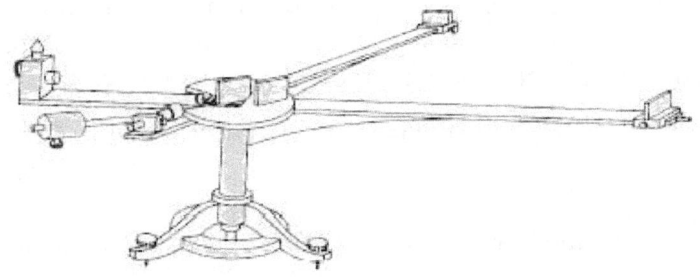

Michelson interferometro 1881

En 1887 Albert **Michelson** y Edward **Morley**[65] repitieron la experiencia con mucha mayor precisión, aumentando el número de reflexiones mediante más espejos, realizando la experiencia muchas veces varios días y a diferentes horas y montando todo el aparato sobre un pesado bloque de cemento que flotaba sobre mercurio para evitar perturbaciones, obteniendo igualmente un resultado negativo en el intento de detectar el viento del éter. De aquí el nombre comúnmente conocido de "**experiencia de Michelson-Morley**".

Había un choque entre la experiencia de Fizeau y la de Michelson. La de Fizeau nos llevaba a un éter estático parcialmente arrastrado por el medio y la de Michelson a un éter totalmente arrastrado y dinámico.

En esta situación a **Lorentz** y a **Fitzgerald** (1892) se les ocurrió una explicación al resultado de la experiencia de Michelson: el éter es estático, no arrastrado, y la experiencia de Michelson se explica por una **contracción de las longitudes en la dirección del movimiento** exactamente en un factor $\sqrt{1-\dfrac{v^2}{c^2}}$, o sea que

$$l' = l\sqrt{1-\dfrac{v^2}{c^2}} \qquad (1.5)$$

siendo l la longitud del cuerpo en reposo.

Este fenómeno no es comprobable experimentalmente pero a partir de él Lorentz (1989 y 1904) dedujo que en los electrones (o cualquier partícula cargada) en movimiento, al disminuir su longitud y así comprimirse su volumen, se comprime su carga y ello provoca la aparición de una masa electromagnética de forma que la masa total de la partícula aumenta en el factor $\gamma = \dfrac{1}{\sqrt{1-\dfrac{v^2}{c^2}}}$, lo que implica que la **masa** del electrón en movimiento sería:

$$m' = \frac{m}{\sqrt{1-\dfrac{v^2}{c^2}}} \qquad (1.6)$$

Se trataba de un concepto de "masa electromagnética" dentro de la teoría del éter, creada por el acoplamiento de la partícula cargada con el campo electromagnético que genera en su movimiento.

Esta masa coincide con los cálculos efectuados a partir de experimentos con rayos catódicos y aceleradores de partículas y concordaba con los experimentos anteriores de Thomson (1881), que midieron un aumento de masa de los electrones en movimiento.

Así tenemos que al aumentar la velocidad de un cuerpo hasta la velocidad de la luz, su masa crecería hasta el infinito y por lo tanto también lo haría su energía cinética con lo que necesitaríamos una **energía infinita para alcanzar la velocidad de la luz**.

Pero a la teoría de éter estático aún le quedaba un problema: las ecuaciones de **Maxwell** para un campo electromagnético se basaban en un éter en reposo respecto a la fuente de emisión electromagnética; o sea un éter arrastrado en el caso de la Tierra. Si el éter era estático el movimiento de la Tierra a través de él debía causar una serie de tensiones en el éter que provocaran fenómenos electromagnéticos mensurables, pero nunca se consiguió medirlos.

Lorentz trató de resolverlo diciendo que el éter no recibía ni provocaba tensiones ni fuerzas en la materia; era totalmente inactivo y sólo actuaba como substrato de las ondas electromagnéticas. Además supuso que si los fenómenos electromagnéticos (la luz es una onda electromagnética) se portan igual en la Tierra en movimiento que en el éter en reposo, las ecuaciones de Maxwell que describen dichos fenómenos deberían tener la misma forma en ambos sistemas, y así creó unas ecuaciones de cambio de coordenadas de un sistema en reposo a otro en movimiento basadas en su idea de contracción de longitudes por causa del movimiento y en una coordenada temporal transformada que cumplían esta condición al ser sustituidas en las ecuaciones de Maxwell.

Esta fueron las famosas **Transformaciones de Lorentz**[61] (1895) (que por cierto ya fueron descubiertas en 1887 por Woldemar Voigt como reconoció Lorentz y por Joseph Larmor en 1897), que supusieron toda una revolución, y estudiándolas **Poincaré** dedujo que si eran correctas entonces el éter sería indetectable y por lo tanto un concepto "afísico", o sea sin interés para la física. La importancia de **Henri Poincaré** en el origen de la relatividad es controvertida y algunos atribuyen a él el origen de la teoría de la relatividad. En 1904 en una conferencia en Saint Louis (USA) describió el **"principio de relatividad"**, que en sus palabras traducidas fue:

> *"El principio de relatividad, según el cual las leyes de los fenómenos físicos deben ser las mismas tanto para un observador estacionario como para uno inmerso en movimiento de traslación uniforme, de forma que no se dispone ni se podrá disponer, de medio alguno para determinar si nos movemos o no con dicho movimiento."*

Pero la gran diferencia entre Einstein y Poincaré en cuanto a relatividad especial está en que Poincaré no supo prescindir totalmente del concepto de absoluto.

Este fue el inicio del fin del éter ya que así podía asimilarse al espacio absoluto en el que Newton se basó, o sea la nada, el vacío absoluto.

El estudio de las transformaciones de Lorentz podría merecer todo un libro y de ellas se pueden extraer conclusiones sorprendentes, incluso la constancia de la velocidad de la luz para cualquier sistema de referencia como podemos ver en un apartado posterior. En ellas aparece un tiempo t' para el sistema de coordenadas en supuesto movimiento (tiempo local) que no es el tiempo normal y que Lorentz asimiló a *mero artificio matemático* para conseguir que las ecuaciones de Maxwell mantuvieran la forma con el cambio de coordenadas (por lo que es lógico que de las transformadas se deduzca que c es constante ya que de las ecuaciones de Maxwell se deduce la velocidad de c), pero su estudio nos lleva a conclusiones muy interesantes sobre el tiempo como podemos ver en el apartado sobre la cuarta transformaciones de Lorentz. Además Poincaré demostró que si se aplica las transformaciones dos veces consecutivas volvemos a la expresión inicial. Con ello se entra en el concepto de los **invariantes** tan usado en relatividad, y se intuye que lo que vale al observar el sistema A desde B también vale para observar B desde A.

Entonces llegó Einstein con sus ideas.

2- EINSTEIN Y LA RELATIVIDAD

Albert Einstein también creía como Lorentz que las leyes del electromagnetismo debían ser idénticas en dos sistemas de referencia inerciales en traslación uniforme uno respecto al otro. Influenciado por los escritos de Mach (Einstein escribe en su autobiografía científica que Mach quebró su fe dogmática en la mecánica newtoniana), al que la existencia de un espacio absoluto le parecía un desatino lógico, y en vista del resultado que obtuvo, parece ser que Einstein quería conseguir los mismos resultados que Lorentz pero a partir de alguna ley general mas sencilla e invariable.

Esta ley, o mejor dicho postulado, que se asemeja mucho al **principio de relatividad** que formuló Poincaré, fue que **"todos los sistema inerciales son equivalentes"**, no existe un sistema de referencia que podamos considerar como en reposo absoluto. Que *cada objeto con movimiento uniforme podía usarse como sistema* *de referencia* para el resto del universo sin variar en absoluto las leyes de la física.

En principio esto es similar a una vuelta a la relatividad de Galileo pero más sutil. En cierto modo si llevamos al extremo este principio, implica que la velocidad de la luz será la misma para un observador en reposo que para uno en movimiento uniforme. Pero también podemos, para eliminar dudas, proponer esto último como postulado: La velocidad de la luz tiene el mismo valor para cualquier sistema inercial. Sería el "**principio de constancia de la velocidad de la luz**".

> *La luz y todas las demás formas de radiación electromagnética se propagan en el espacio vacío con una velocidad constante c que es independiente del movimiento del observador o del cuerpo emisor.*

A partir de aquí dedujo las **transformaciones de Lorentz** y más efectos, como una disminución de la velocidad con que transcurre el **tiempo** para los cuerpos en movimiento, la **contracción de longitudes** de los objetos en movimiento, el aumento de masa con la velocidad igual que el que obtuvo Lorentz (volveremos sobre ello en el apartado sobre masa y energía), un cambio en las fórmulas del **efecto Doppler** (que está considerado como una de las principales pruebas de la Relatividad Especial y analizamos en un capítulo posterior), etc. Su forma de deducir las transformaciones de Lorentz y usarlas es compleja para muchos, por lo tanto voy a tratar de momento de usar otro método más didáctico de llegar a las mismas conclusiones aunque no sea tan riguroso. En el capítulo 5 deducimos las Transformaciones de Lorentz por el método de Einstein.

Otra de las consecuencias que estos principios producen es el problema de la **simultaneidad**. Ya no es fácil definir ni determinar si dos sucesos distantes son simultáneos o no lo son, pues para determinar dicha simultaneidad necesitan una comunicación que será como máximo a la velocidad de la luz, y si no podemos identificar donde está el reposo absoluto tampoco podemos determinar una simultaneidad absoluta, universal. La simultaneidad pasa a ser relativa. En el capítulo 12, en la sección de profundización en relatividad especial, volvemos sobre ello.

Para realizar algunas deducciones básicas se suele partir del típico ejemplo del tren en movimiento y los rayos de luz, pero dado que básicamente es lo mismo partiremos de la experiencia de Michelson (ver apartado anterior) dividida en dos partes: 1) el rayo de luz que viaja perpendicular al movimiento de la tierra y 2) el que viaja en la misma dirección que la tierra. Supondremos que para analizar ambos trayectos de la luz tenemos dos observadores (uno en reposo y otro en movimiento junto al experimento desplazándose por el espacio con la Tierra) que tratan de medir la velocidad de la luz y, aplicando el principio de constancia de la velocidad de la luz, la velocidad que obtengan ambos observadores para esa medición de velocidad de la luz ha de ser la misma.

Este factor de contracción, $\sqrt{1-\frac{v^2}{c^2}}$, que para seguir una nomenclatura moderna en estos temas llamaremos $1/\gamma$, siempre será menor o igual que uno para velocidades inferiores a la de la luz (o sea siempre) y usaremos los cálculos de los recorridos 1 y 2 que vimos antes.

En el recorrido 1 la distancia recorrida por la luz para el observador en movimiento (en la tierra) es $2l$ que es $1/\gamma$ veces menor que para el observador en reposo (ver ecuación 1.2) el recorrido de la luz es el recorrido 2, y la distancia recorrida por la luz es mayor, $2l\gamma$ (por ejemplo en el sol). Por lo tanto para que ambos obtengan la misma velocidad de la luz en una experiencia de cronometraje de la luz en su ida y vuelta al dividir espacio entre tiempo, debe ocurrir que el observador en movimiento, en la superficie de la Tierra, cronometre $1/\gamma$ veces menos tiempo que el observador en reposo (reposo relativo, por supuesto), lo cual se puede interpretar como que **el movimiento de la Tierra frena el transcurso del tiempo en un factor $1/\gamma$** (denominado habitualmente **"dilatación del tiempo"**).

$$\boxed{t'=t\sqrt{1-\frac{v^2}{c^2}}} \qquad (1.7)$$

La "dilatación" temporal a causa de la velocidad fue comprobada directamente por Rossi y Hall en 1941 midiendo el tiempo de desintegración de los muones. Los muones, si son creados en el laboratorio y están en reposo, se desintegran tras una vida media de unos dos microsegundos, sin embargo los muones que se crean en las capas altas de la atmósfera al impactar en ella los rayos cósmicos poseen una alta velocidad y llegan a la tierra después de recorrer 10 km tardando más de 30 microsegundos en desintegrarse, viajando a casi la velocidad de la luz. La única explicación que hay es que su vida se ha dilatado como predice la relatividad.

Pasemos ahora al recorrido 2 del experimento de Michelson. En el recorrido 2 la distancia recorrida por la luz para el observador en movimiento es 2l, que es $1/\gamma^2$ veces menor que para el observador en reposo, que mide $2l\gamma^2$. Suponiendo el mismo efecto sobre el tiempo que en 1 (tiempo en movimiento $1/\gamma$ veces menor que en reposo) tenemos que la única forma de obtener la misma velocidad de la luz para ambos observadores es considerar que las longitudes de los cuerpos que se mueven se contraen en un factor $1/\gamma$ en la dirección del movimiento desde el punto de vista del observador en reposo. Así la distancia recorrida por la luz será para el observador en movimiento sólo $1/\gamma$ veces menor que para el observador en reposo, igual que ocurre con el tiempo, y la velocidad de la luz medida tanto por el observador en reposo como el que está en movimiento será la misma. Así, del principio de constancia de la luz se concluye la misma **contracción de longitudes** (1.5) que predijo Lorentz.

$$\boxed{l'=l\sqrt{1-\frac{v^2}{c^2}}} \qquad (1.5)$$

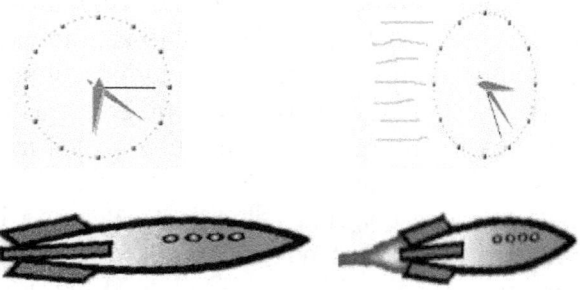

La conclusión es que las longitudes disminuyen cuando algo se mueve, aunque esto es relativo al sistema de referencia, mientras para Lorentz esta contracción era absoluta. Igualmente el tiempo transcurre más lento en los objetos en movimiento, pero ¿Cómo determinar dicho movimiento? ¿Quién se mueve respecto a quien?. También es relativo.

Con estos dos efectos combinados, producto del principio de constancia de la velocidad de la luz, el experimento de Michelson es negativo, inevitablemente, en su intento de medir detectar el movimiento respecto al "reposo".

Entonces, resumiendo, tenemos según Einstein los **Postulados de la relatividad**:

- **Las leyes de la física son idénticas para cualquier sistema inercial de referencia.**
- **La velocidad de la luz en el vacío es una constante universal (c = 299,792 km/s), independientemente del movimiento de la fuente o del observador.**

Además, mediante la teoría de la relatividad especial también nos muestra un aumento de masa relativo a la velocidad e directamente proporcional al factor γ, como en la ecuación (1.6), deducida por Lorentz, como veremos en el capítulo 10.

$$m' = \frac{m}{\sqrt{1 - \frac{v^2}{c^2}}} \qquad (1.6)$$

Consecuencias:

1.- El reposo o el movimiento uniforme de un sistema son indetectables desde el propio sistema de referencia.

2.- En todo sistema de referencia en movimiento el tiempo transcurre más lentamente respecto a otro considerado en "reposo".

3.- En todo sistema de referencia en movimiento los cuerpos se contraen en la dirección del movimiento, observadas desde el sistema en "reposo".

4.- En todo cuerpo en movimiento la masa aumenta.

Además se observa que si pudiéramos superar la velocidad de la luz las longitudes de los cuerpos, el tiempo transcurrido y la masa de los cuerpos tendrían valores imaginarios. También vemos que al aumentar la masa del cuerpo aumenta la energía necesaria para acelerarlo, de modo que sería infinita para v=c.

Todo ello nos lleva a darnos cuenta de que

5.- No se puede superar la velocidad de la luz.

> NOTA:
> (Debido a la observación del fondo de microondas del espacio (ver capítulo 39, en la sección de cosmología), se observa que hay una anisotropía en las observaciones (al contrario de lo que cabía esperar por considerarnos inerciales) puesta de manifiesto por desplazamiento de las frecuencias observadas (por efecto Doppler) que nos muestran un movimiento de la Tierra a una velocidad de unos 370 km/s a través del espacio. Esta es la velocidad desplazamiento del sistema solar por el espacio, que teniendo en cuenta la rotación del sol alrededor de la galaxia nos da una velocidad de desplazamiento de la galaxia de unos 600 km/s a través del espacio y puede poner en duda que el movimiento uniforme sea indetectable, pero aún así esto no quita validez a la equivalencia de sistemas de referencia pues siempre se puede considerar que es el resto del universo el que se mueve respecto a nosotros).

Pero los razonamientos de Einstein no acaban aquí. A partir de las ecuaciones para el cambio de un sistema de coordenadas a otro en movimiento (Transformaciones de Lorentz), dedujo una formula para la velocidad de un cuerpo respecto a un sistema que se mueve una velocidad respecto a otro sistema en movimiento, que servía para explicar el experimento de Fizeau, que había quedado inexplicado, coincidiendo con sus resultados con sólo un error de un 1%. Es la famosa fórmula cuya demostración podéis ver en el apartado sobre el **teorema de adición de velocidades,** capítulo 7 de este libro.

En esta situación **ya no tenía sentido hablar del éter: no era útil**, y en caso contrario seguiría siendo indetectable. Puede sernos útil para aclarar nuestra mente y conseguir un entendimiento más intuitivo de la realidad, pero como dijo Poincaré y como dicen la mayoría de los físicos, algo que no es detectable ni medible es algo afísico. Y si es afísico no puede ser tenido en cuenta desde un punto de vista físico. Esto ya entra más bien dentro de la filosofía de la ciencia, pero debe tenerse en cuenta para entender por qué el hablar del éter es algo que normalmente los físicos ni siquiera se plantean.

> *"Hasta el gran descubrimiento de H. A. Lorentz, las propiedades mecánicas del éter constituían un misterio. Todos los fenómenos del electromagnetismo por entonces conocidos podían ser explicados en base a dos supuestos; el primero afirma que el éter está firmemente fijado en el espacio, es decir, que no es capaz de ningún movimiento, y el segundo sostiene que la electricidad está firmemente fijada en las partículas elementales móviles. Hoy el descubrimiento de Lorentz puede ser expresado en la siguiente forma: el espacio físico y el éter son sólo términos diferentes para referirse a una misma cosa; los campos son los estados físicos del espacio. Si no es posible adjudicar al éter un estado de movimiento, no existe ningún motivo para introducirlo como una entidad especial junto al espacio".*
>
> (Del libro "Mis ideas y opiniones" de Albert Einstein, una carta titulada "El problema del Espacio, el éter y el campo en la física")[5]

Pero continuemos con los razonamientos de Einstein. Aplicando las transformaciones de Lorentz al cálculo de la energía cinética de un cuerpo y desarrollando en serie obtuvo un sumando que no dependía de la velocidad:

$$mc^2$$

Esta sería la energía del cuerpo en reposo, o sea la **energía propia de la masa**, y puestos a seguir generalizando: energía y masa son lo mismo pero con distinto aspecto. Las más espectaculares pruebas de esta fórmula están en la bomba atómica, las centrales nucleares y el mismo sol. Podemos ver una deducción completa de dicha fórmula en el apartado sobre el **espacio cuatridimensional,** capítulo 9.

Esta es la fórmula más conocida de Einstein por los que no conocen la relatividad, ya que la energía nuclear tiene su base en ella al calcularse por medio de esta la cantidad de energía que se emitirá a causa de la pérdida de materia que se produce en las reacciones nucleares (en cuya aplicación bélica, por cierto, Einstein se niega a participar).

$$\boxed{E = m_0 c^2} \qquad (1.8)$$

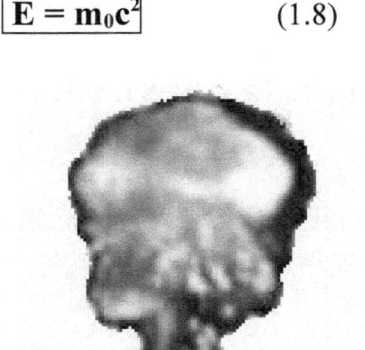

Pero no por ello es, para mi, la fórmula más importante de la relatividad. Tal vez la fórmula de la dilatación temporal lo sea.

Respecto a confirmaciones de la relatividad especial, en física de partículas y de altas energías la teoría de la relatividad se comprueba miles de veces al año al ser indispensable aplicar las leyes relativistas de la conservación de la energía y el momento que Compton y otros comprobaron entre 1923 y 1925.

Hemos visto una introducción a la teoría de la relatividad especial, también llamada "restringida" de Einstein. Esta teoría se desarrolla gracias a la contribución de Minkowski con la coordenada temporal como cuarta dimensión, perpendicular a las tres dimensiones espaciales pero de componente imaginaria (ya sabéis, $i=\sqrt{-1}$), el continuo espaciotemporal y los **cuadrivectores**. En los apartados de profundización en relatividad especial podremos ver una deducción sencilla de las Transformaciones de Lorentz, la deducción del teorema de adición de velocidades, la métrica de Minkowski, la equivalencia masa-energía y muchas más cosas. Dejar estos apartados para después no perjudicará a la lectura y así pasaremos al apartado de introducción a la relatividad general para hacernos primero una idea amplia sobre la relatividad.

3- LA GRAVEDAD: TEORÍA DE LA RELATIVIDAD GENERAL

Su teoría de la relatividad restringida sólo era válida para sistemas inerciales (sin aceleración) y Einstein quería hacerla extensiva también a sistemas acelerados. La gravedad tiene algo especial que no tiene ningún otro campo, y es que no podemos anularla ni aislarnos de ella mediante barreras, cosa que sí podemos hacer por ejemplo en campos electromagnéticos. Su omnipresencia nos lleva a pensar que el sistema inercial sin ninguna aceleración de la relatividad especial no existe y sólo nos vale como aproximación.

Como Einstein dijo en 'El significado de la relatividad'[2]: *"¿Cual es la justificación de nuestra preferencia por los sistemas inerciales frente a todos los demás sistemas de coordenadas, preferencia que parece estar sólidamente establecida sobre experiencias basadas en el principio de inercia? La*

> *vulnerabilidad del principio de inercia está en el hecho de que requiere un razonamiento que es un círculo vicioso: Una masa se mueve sin aceleraciones si está lo suficientemente alejada de otros cuerpos; pero sólo sabemos que está suficientemente alejada de otros cuerpos cuando se mueve sin aceleración"*

Todo esto nos lleva a pensar que la gravedad y el espacio están unidos entre si de tal forma que son un solo objeto.

Desde Galileo ya se planteaba la duda sobre masa inercial y masa gravitatoria de un mismo cuerpo debían ser exactamente iguales. O dicho de otra forma ¿Por qué un cuerpo ha de acelerar igual ante una fuerza gravitatoria que ante otro tipo de fuerza?. Dicha cuestión ya la estudió **Galileo** Galilei, que estableció lo que llamamos actualmente "**principio de equivalencia débil**": *"El movimiento de cualquier partícula de prueba en caída libre es independiente de su composición y estructura"*, y había quedado ya resuelta y comprobada mediante mediciones precisas de aceleraciones de caída de cuerpos de diferentes densidades con una precisión cada vez mayor, mediante balanzas de torsión (experimento de Eötvös). El resultado experimental es que sí, son equivalentes y hay **igualdad entre masa inercial y gravitatoria,** igualdad que Einstein eleva al grado de "**ley**" en alguno de sus libros [1] y de sólo "**teorema**" en otros[2].

(Masa inercial).(Aceleración)=(Intensidad del campo gravitatorio). (Masa gravitatoria)

> Tal y como dijo Einstein: *"Es evidente que sólo en el caso de ser numéricamente iguales las masas gravitatoria e inerte resulta la aceleración independiente de la naturaleza del cuerpo"*

y dos ideas (evidentemente estamos simplificando muchísimo el proceso):

1- El "**Principio de equivalencia de Einstein**[2]"" entre un sistema de coordenadas inercial K, y otro acelerado K', considerado K' como equivalente uno inercial pero en presencia de un campo gravitatorio (muy vinculado con el teorema de igualdad entre masa inerte y gravitatoria).

2- Aceptando que todo **sistema acelerado es inercial localmente** en un diferencial de tiempo, de modo similar a lo habitual en física de considerar la velocidad como constante si sólo consideramos un diferencial de tiempo.

> Abusando un poco más de las citas a Einstein: *"No es posible, por lo tanto, elegir sistemas de coordenadas para las cuales las relaciones métricas de la teoría especial de la relatividad sean válidas para una región finita. Pero el invariante ds existe siempre para dos puntos (sucesos) próximos del continuo."*

Aplicando el Principio de equivalencia imaginemos que todo sistema acelerado puede considerarse como un sistema inercial pero situado en un campo gravitatorio. Igualmente podemos asimilar todo punto o región de un campo gravitatorio a un espacio en estado de aceleración. Partiendo de este supuesto y aplicando las ecuaciones de Minkowski (ver ecuación 2.34), estas se convierten en unas ecuaciones que equivalen a decir que los ejes de coordenadas son curvos; o sea que el espacio se curva hacia la cuarta dimensión en presencia de un campo gravitatorio. *(De este modo tenemos que el espacio-tiempo ya no es euclídeo, como se suponía en el espacio cuatridimensional de Minkowski de la relatividad especial, sino que sigue la geometría de Riemann. Por medio de cálculo tensorial se puede llegar a la métrica de Schwarzschild (ver apartado de profundización) que es el caso más simple en la relatividad general y a otras métricas más complejas).*

La conclusión a la que se llega es que la gravedad no es una fuerza en si misma sino que solo es el resultado visible de una **deformación del espacio-tiempo** a causa de la presencia de una masa. Esta deformación queda definida por las **ecuaciones de campo** de Einstein, núcleo matemático de la teoría de la relatividad general de Einstein, y así la gravedad queda reducida a pura geometría.

$$\boxed{G_{\mu\nu} = 8\pi\, T_{\mu\nu}} \qquad (\mu,\nu\,) = (0,1,2,3)$$

Estas ecuaciones de campo forman un sistema de 10 ecuaciones diferenciales de 4 dimensiones y relacionan la geometría del espacio-tiempo (G) con la distribución de materia y energía (T).

Así, Einstein dedujo que el espacio se curva alrededor de una masa de tal forma que un **rayo de luz** que pasara rozando esa masa se desviaría un ángulo que casualmente es el doble de lo que lo haría si estuviera afectado por la gravedad desde un punto de vista clásico (como partícula en movimiento newtoniano).

Así Einstein obtuvo realizando algunas aproximaciones[2] que la desviación en radianes debía ser:

$$\alpha = \frac{4GM}{rc^2} \qquad (1.9)$$

que (para $GM/c^2 = 1475$ y $r = 6{,}96 \cdot 10^8$ m) nos proporciona una **predicción** de un ángulo de **1,75** segundos de arco en un rayo de luz que pase rozando el sol. En realidad Einstein hizo en 1911 una primera predicción, más newtoniana, que aproximó a sólo 0,84 segundos pero más tarde en 1915, cuando completó su teoría de la relatividad general, rectificó sus cálculos hasta unos 1,7, como aparece publicado en 2016 en *Annalen der Physik*, en su trabajo "Los Fundamentos de la Teoría de la Relatividad General" (*Die Grundlage der allgemeinen Relativitätstheorie*) [66].

En los eclipses solares se ha comprobado que realmente ocurre así (las estrellas situadas al borde del astro se encuentran realmente tras él siguiendo una desviación de 1.7" de media), y aunque en las primeras comprobaciones se obtenían unos errores relativos altos, se han realizado mediciones con radiotelescopios observando cuásares al pasar por detrás del sol y se observa un error menor del 1% respecto a la teoría de Einstein. Esta fue una de las predicciones que Einstein realizó y que servirían para apoyar la validez de su teoría.

La **segunda predicción,** más bien "explicación de un hecho", que realizó en la misma publicación[66] fue el demostrar que el eje mayor de la **órbita de mercurio** (que es elíptica) giraba 43 segundos de arco cada 100 años, aparte de los efectos que producen en su órbita la atracción del resto de los planetas.

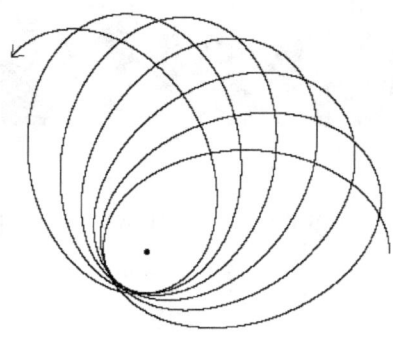

Este hecho ya había sido observado en años anteriores a la teoría de Einstein y no había podido ser explicado satisfactoriamente. Por fin, con la relatividad general de Einstein, se obtuvo la respuesta a este comportamiento anómalo. Más recientemente ha sido observado este fenómeno de un modo más exagerado en pulsares dobles.

La **tercera predicción** que se deduce de la teoría de la Gravedad General es respecto a los cambios que sufre el **tiempo** en presencia de un campo gravitatorio. "**El tiempo transcurre más despacio dentro de un campo gravitatorio que lejos de él**".

Veamos una forma sencilla de calcular la fórmula de dicho cambio temporal, aunque *en realidad no sea del todo riguroso* ya que los cálculos correctos se realizan por medio de calculo tensorial en geometría riemanniana o a partir de la métrica de Schwarzschild que estudiaremos en la parte de profundización, capítulo 15 de este libro, pero aquí por motivos pedagógicos lo explicaremos por el principio de equivalencia. Por este principio asignaremos a todo cuerpo en un campo gravitatorio una energía cinética igual a la energía potencial que tendría a causa del campo gravitatorio, lo cual equivale a asignarle a ese cuerpo una velocidad: la velocidad de escape de un campo gravitatorio, con la que por cierto un cuerpo en órbita perdería su órbita elíptica para pasar a una órbita parabólica.

Como Ec=½mv² y Ep=GmM/r, igualando ambas expresiones y aislando **v** obtenemos una velocidad

$$v = \sqrt{\frac{2GM}{r}} \qquad (1.10)$$

siendo G la constante de gravitación universal, M la masa que produce el campo gravitatorio (planeta, astro) y r la distancia desde el centro del astro hasta el punto determinado del campo gravitatorio que estamos analizando.

Así, por el principio de equivalencia, hemos equiparado el campo gravitatorio a una velocidad, y como según la Relatividad Especial (fórmula 1.7)

$$t' = t\sqrt{1 - \frac{v^2}{c^2}}$$

toda velocidad produce una disminución del ritmo con que transcurre el **tiempo, en el seno de un campo gravitatorio también se frenará el tiempo**: el tiempo pasará más deprisa en el espacio lejos de toda atracción gravitatoria que por ejemplo en la superficie de la Tierra. Sustituyendo la penúltima ecuación en la última podemos obtener para cualquier astro:

$$\boxed{t' = t\sqrt{1 - \frac{2GM}{c^2 r}}} \qquad (1.11)$$

(Insisto en que este método de obtener la fórmula de la dilatación temporal gravitatoria es poco riguroso. Es un método seminewtoniano en base al principio de equivalencia de llegar a la misma conclusión que con las ecuaciones de la relatividad general)

Este efecto ha sido comprobado hace unos años por medio de relojes atómicos sincronizados, transportando uno de ellos en un avión a elevada altura durante un largo periodo de tiempo y comparando luego ambos relojes. El resultado fue que el reloj que se quedó en tierra atrasó un poco (en 1976 Robert Vessot y Martin Levine enviaron un reloj atómico a un satélite a 10000 km de altura y comparando con otro en Tierra comprobaron las predicciones de la relatividad general con una precisión superior a un 0,1%). La **predicción** que se realiza desde la Relatividad General para comprobar esta idea fue que la luz emitida por una estrella debía tener un **espectro algo desplazado hacia el rojo**, o sea que la luz emitida tendrá una frecuencia menor de lo normal debido a que todos sus electrones vibrarán con más lentitud a causa de esa "detención" parcial del tiempo (redshift gravitatorio). En un artículo de 1907 sobre conclusiones desde el principio de ralatividad, Einsten ya nos anticipa este efecto y el enlentecimiento temporal en base al principio de equivalencia y una teoría aún incompleta de la Relatividad General con un resultado sólo aproximado.

Este efecto fue comprobado por Pound y Rebka[21] (1959) comparando la frecuencia emitida por dos fuentes de Hierro 57, una de ellas situada arriba de una torre de 22 m de altura y la otra abajo. Pound y Rebka midieron un desfase entre las frecuencias de ambas fuentes de 2,5 . 10^{15} que coincide con un margen de un 10 % con lo predicho por la relatividad general. Posteriormente Pound y Snider mejoraron el experimento logrando una precisión del 1 %.

CALCULO DE LA RELACIÓN ENTRE FRECUENCIAS: **corrimiento al rojo gravitatorio.**

Dado que el tiempo transcurre a menor ritmo a causa de un campo gravitatorio, la frecuencia de la luz emitida por un átomo ha de sufrir el mismo efecto siendo su frecuencia menor en el mismo factor que el tiempo en la ecuación 1.11. Así la frecuencia será:

$$\nu = \nu_0 \sqrt{1 - \frac{2GM}{rc^2}} \qquad (1.12)$$

Así el Sol, por ejemplo debería emitir su luz con un espectro de frecuencias y líneas de absorción según su composición, pero en una frecuencia ligeramente menor, con las líneas de absor-

> ción desplazadas hacia el rojo, según esta fórmula. Este efecto fue medido por primera vez en 1962. (Para el Sol M = 2.0×10^{30} kg, r = 6.955×10^{8} m, así z=$\Delta\lambda/\lambda=\lambda_0/\lambda -1 = 2\times 10^{-6}$).

Otra comprobación de este enlentecimiento del tiempo se ha realizado midiendo el tiempo transcurrido desde que se envía una señal a una sonda espacial hasta que se recibe la respuesta. Si la sonda está en conjunción superior con el Sol, las señales pasarán rozando el Sol para ir de la Tierra a la sonda y viceversa, viajando algo más lentas en las cercanías del Sol y produciéndose un retraso respecto a lo previsto. Esto se ha comprobado con las naves Mariner 6 y 7 y con un retraso estimado de 200 μs se ha cumplido dentro de un error del 3 %. Irwin Shapiro en 1964 predijo este efecto por primera vez. El Sol dilataría la duración de la propagación de los rayos al pasar cerca de él. Por el se le llama "**Efecto Shapiro**"[26].

Por otro lado, usando el mismo procedimiento deductivo no estándar que hemos usado para el tiempo, por la misma equivalencia vista, tendremos que las varillas de medir deben encoger en presencia de un campo gravitatorio, igual que lo hacen a causa de la relatividad especial, lo que nos lleva a un espacio no euclídeo sino deformado en presencia de una gran masa.

Las tres predicciones mencionadas anteriormente son las más clásicas y antiguas derivadas de la teoría de la relatividad general. Sin embargo, a partir de esta teoría se han deducido otras consecuencias, algunas de las cuales ya han sido comprobadas, mientras que otras aún no. Una de las que todavía está en estudio es la existencia de los **agujeros negros**, un tema que está muy en boga actualmente y sobre el cual hablamos y profundizamos en una sección completa de este libro.

Además, de este modo tenemos que ahora, en la relatividad general, la velocidad de la luz ya no es la misma para todo observador en un **sistema inercial** sino para todo observador en un **sistema inercia, localmente**. Quiero decir con esto que, por ejemplo, la velocidad de la luz sigue siendo la misma para un observador en un campo gravitatorio en las cercanías del observador a pesar que si observamos el fenómeno desde un lugar lejano veremos y mediremos menor velocidad en ese punto, al menos aparentemente (ver apartado sobre enlentecimiento de la luz, capítulo 16).

El estudio y comprensión completa de la relatividad general de Einstein requiere el uso de un aparato matemático verdaderamente complicado, que es el **cálculo tensorial**. El propio Einstein tuvo que dedicar mucho tiempo de estudio matemático para desarrollar correctamente su teoría, pues con las herramientas de que disponía obtenía resultados erróneos como la primera predicción de la desviación de la luz. A punto de acabar su trabajo publicado en 1915 Einstein escribe: "*Quien haya comprendido realmente esta teoría no puede sustraerse a su magia; representa un verdadero triunfo del método del cálculo diferencial fundado por Gauss, Riemann, Chistoffel, Ricci y Levi-Civiter*". Nos está diciendo que la teoría es un triunfo y exaltación del cálculo tensorial.

El uso del cálculo tensorial es excesivo para las pretensiones de este escrito, pero hay herramientas que pueden ayudarnos a introducirnos en los cálculos de la relatividad general como son las **métricas** para casos concretos. Estas métricas nos describen de modo bastante sencillo la geometría del espaciotiempo y de ellas se pueden sacar muchas conclusiones. Habitualmente lo que se usa para tratar la relatividad general en los casos más sencillos no es el principio de equivalencia sino la **métrica de Schwarzschild**. En la sección de profundización en relatividad general podréis leer una introducción a ella, pero advierto que para entenderla es necesario comprender aceptablemente la **métrica de Minkowski**, cuya introducción se puede ver en la sección "profundizando en relatividad especial".

4- PARADOJAS y CONCLUSIONES

Lo más difícil de asimilar en la teoría de la relatividad, para muchas personas, no son las consecuencias observables de fenómenos como la dilatación del tiempo o la contracción de la longitud, sino el concepto fundamental de que estos fenómenos son relativos al observador.

Esto nos lleva a cuestionamientos profundos: ¿Cuándo dos objetos se mueven uno respecto al otro, cuál está realmente en movimiento? ¿Cuál se contrae y cuál experimenta una dilatación temporal? La respuesta de la relatividad especial es sorprendente y, a menudo, contraria a nuestra intuición: todo depende del marco de referencia desde el cual se observe el fenómeno. Para cada observador, será el otro objeto el que parezca estar sufriendo los efectos del movimiento. Esta relatividad de las medidas espacio-temporales, e incluso de la simultaneidad, como veremos más adelante, puede resultar paradójica a nuestra mente, acostumbrada a un universo absoluto y estático.

Una de las cuestiones más discutidas cuando se empieza con la relatividad es la llamada "**paradoja de los gemelos**", pensando en que un gemelo se quede en la Tierra y el otro viaja a otra estrella y vuelve a velocidades cercanas a la de la luz. ¿Cual es el que envejece? ¿puede el gemelo viajero pensar que el que viaja es el que se queda en la tierra? (podéis ver una solución a la paradoja de los gemelos mediante estudio de líneas de universo en la sección de profundización).

Esta paradoja que a llevado a grandes debates (tenemos un debate sobre el tema en la sección de reflexiones) desde hace un siglo y aún hoy continúan, se resuelve habitualmente pensando que el que viaja no es un sistema inercial por las aceleraciones y cambios de rumbo que recibe, pero ampliando esto surgen más paradojas que nos llevan a discutir básicamente el concepto de sistema inercial (también discutido en un apartado posterior) pues ¿es inercial un cuerpo en caída libre? Se puede llegar incluso a la conclusión de que no existe realmente ningún sistema inercial puro, pues la gravedad siempre actúa como aceleración. La confusión es alta.

Esta y otras paradojas hacen que algunas personas aun no acepten la teoría de la relatividad, pero de todos modos cualquier otra teoría que fuera diferente y que pretendamos que sustituya a la de la relatividad tendría que producir las mismas consecuencias comprobadas que produce ésta y alguna más para poder ser aceptada.

Einstein con su modo de trabajar nos enseñó mucho más que relatividad. Planteaba una hipótesis y a partir de un profundo análisis realizaba predicciones; derivaba consecuencias que podían ser comprobadas. Nos enseñó que las teorías deben poseer capacidad predictiva. Fue el Maestro de la física teórica.

En los capítulos siguientes ampliamos y profundizamos en la teoría de la relatividad y luego (o antes si lo preferís) podréis leer sobre los agujeros negros y la cosmología. Las partes de profundización en relatividad especial pueden ser leídas saltándose las derivaciones de las transformaciones de Lorentz, pero algunos capítulos necesitan de conocer el apartado sobre cuatro dimensiones para ser entendidos. Las de profundización en relatividad general necesitan de conocer el primero de sus apartados sobre la métrica de Schwarzschild. Ahora, os dejo con las siguientes secciones del libro tras este resumen de la teoría de la relatividad.

SECCIÓN 2: PROFUNDIZANDO EN RELATIVIDAD ESPECIAL

5- DERIVACIÓN DE LAS TRANSFORMACIONES DE LORENTZ AL ESTILO EINSTEIN

Uno de los pilares del establecimiento de los principios de relatividad y de constancia de la luz por parte de Einstein es el hecho de que a partir de ellos se pueden derivar las Transformaciones de Lorentz[61].

Veamos como las deriva Einstein en su libro "Sobre la Relatividad Especial y General"[1] con algunos pasos y explicaciones extra para mayor simplicidad.

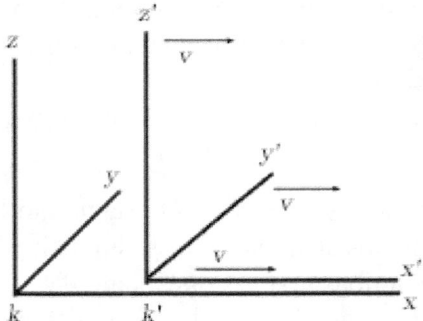

Consideremos el par de sistemas de coordenadas de la imagen. Sean x, y, z, t las coordenadas de un evento en el sistema k y x', y' z' y t' las coordenadas del mismo evento en k' (he usado la misma nomenclatura que Einstein en su libro, con k y k' para los denotar los dos sistemas de referencia).

Partimos de un instante en el que los orígenes de coordenadas coinciden y k' se mueve a velocidad v respecto de k. En ese instante t=0, t'=t, x=0, x'=0

Consideremos un rayo de luz que parte de los orígenes de coordenadas en el momento en que ambos coinciden.

Para el evento correspondiente al instante en que ha transcurrido un tiempo t, este rayo de luz, avanzando a lo largo del eje x positivo, para el sistema k cumple la ecuación

$$x = ct$$

o lo que es lo mismo

$$x - ct = 0 \qquad (2.1)$$

pero por el postulado de la constancia de la velocidad de la luz para todo sistema inercial de referencia, para el sistema k' se cumplirá.

$$x' - ct' = 0 \qquad (2.2)$$

Dado que se trata del mismo evento, se puede hacer

$$x - ct = \lambda(x' - ct') \qquad (2.3)$$

Igualmente si el rayo de luz hubiera sido emitido a lo largo del eje x negativo (y el evento se situara en coordenadas de x negativas), se podría poner

$$x + ct = \mu(x' + ct') \qquad (2.4)$$

Estas expresiones (2.3) y (2.4) relacionan las coordenadas de un evento en los dos sistemas de referencia k y k'. Poniendo como condición que ambas expresiones han de cumplirse para todo evento, si averiguamos las constantes y aislamos x' y t' podremos tener un grupo de transformación de sistema de coordenadas básico.

Si sumamos las dos últimas expresiones tenemos

$$2x' = \lambda x - \lambda ct + \mu x + \mu ct$$

y despejando x'

$$x' = x(\mu + \lambda)/2 + tc(\mu - \lambda)/2 \qquad (2.5)$$

igualmente si en vez de sumar restamos la segunda menos la primera obtenemos

$$ct' = x(\mu - \lambda)/2 + tc(\mu + \lambda)/2 \qquad (2.6)$$

como μ y λ son constantes, podemos sustituir $(\mu + \lambda)/2$ por la constate "a" y $-(\mu - \lambda)/2$ por la constante b.

Así se obtiene el sistema

$$\left.\begin{array}{l}x^1 = ax - bct \\ ct^1 = act - bx\end{array}\right\} \quad (2.7)$$

Para hallar el valor de estas constantes a y b haremos algunos cálculos.

Primero tomaremos el caso de un observador que se mueve junto al origen de coordenadas del sistema k', que se desplaza a velocidad v a lo largo del eje x. En este caso se cumple siempre que x'=0. Si sustituyo x' por este valor en el primera ecuación del sistema (2.7) obtenemos despejando x

x = bct/a que pasando t a la izquierda da

x/t = bc/a

como x/t marca en este caso la velocidad v, podemos poner

v=bc/a

o sea que

b/a = v/c   (2.8)

Además tenemos que por el principio de relatividad una unidad de longitud de una regla de medir en reposo en el sistema k' vista desde k ha de tener la misma longitud que una longitud de medida en reposo en k' vista desde k.

Así para determinar como k verá esta unidad de longitud de k', tomaremos una "foto instantánea" de dicha regla en el instante t=0. Sustituyendo t=0 en la primera de las ecuaciones de (2.7) sale

x' = ax, o sea x = x'/a

con lo que dicha unidad de longitud de k' será observada por k como

1/a   **(2.9)**

Para determinar como k' verá la unidad de longitud de k tomaremos una foto en el instante t'=0. Sustituyendo en la segunda ecuación de (2.7) tenemos 0 = act - bx que despejando t da t= bx/ac.

Sustituyendo esta última expresión en la primera ecuación de (2.7) tenemos

$$x' = ax - bcbx/ac = ax - xb^2/a = ax(1 - b^2/a^2)$$

y sustituyendo b/a por v/c según (2.8), tenemos

$$x' = ax(1 - v^2/c^2)$$

con lo que la unidad de longitud de k será observada por k' como

$$a(1 - v^2/c^2) \qquad (2.10)$$

Dado que por el principio de relatividad (2.9) ha de ser igual a (2.10) tenemos

$$1/a = a(1 - v^2/c^2)$$

y despejando a tenemos que

$$a^2 = 1/(1 - v^2/c^2) \qquad (2.11)$$

Retocando (2.7) y luego sustituyendo (2.8 y (2.11) se obtiene

$$x' = a(x - bct/a) = a(x - vt)$$
$$t' = a(t - bx/ca) = a(t - vx/c^2)$$

o sea las ecuaciones claves de las Transformaciones de Lorentz

$$\left. \begin{array}{l} x' = \dfrac{x - vt}{\sqrt{1 - \dfrac{v^2}{c^2}}} \\[2ex] t' = \dfrac{t - \dfrac{v}{c^2} x}{\sqrt{1 - \dfrac{v^2}{c^2}}} \end{array} \right\} \qquad (2.12)$$

6- UNA DEDUCCIÓN SENCILLA DE LAS TRANSFORMACIONES DE LORENTZ y dos aplicaciones

Voy a plantear en este capítulo un método alternativo con el que obtener las famosas Transformaciones de Lorentz deducidas de un modo sencillo y relacionado con el modo usado en los primeros capítulos para hacer deducciones.

Pero primero hagamos una introducción:

Galileo Galilei (siglos XVI y XVII) dedujo que si tengo un sistema en reposo A y otro en movimiento A' (a velocidad v respecto de A a lo largo del eje x), y si las coordenadas de un punto del espacio para A son x, y, z y para B son x', y',z' se puede establecer un conjunto de ecuaciones de transformación para el cambio de coordenadas bastante sencillo.

Así, si quiero hallar las coordenadas de x, y, z a partir de las de x', y', z' tengo las ecuaciones

$$z=z'$$
$$y=y'$$
$$x=x' + vt \qquad (2.13)$$

Este conjunto de tres ecuaciones son el **grupo de transformación de Galileo,** o TRANSFORMADAS DE GALILEO.

Pues bien, con Lorentz y su famosa contracción de longitudes se deduce que algo cambia. Como para el sistema en movimiento sus longitudes son más cortas, sus varas de medir también lo serán y las distancias del sistema en reposo parecerán mayores en un factor γ, así

$$z'=z$$
$$y'=y$$
$$x'=(x - vt)\gamma \qquad (2.14)$$

(siendo $y = \dfrac{1}{\sqrt{1-\dfrac{v^2}{c^2}}}$)

Pero nos falta aún ver que pasa con la coordenada temporal. En la época de Galileo t=t' pero ahora ya no podemos ser tan optimistas. Lorentz dedujo sus ecuaciones de transformación tratando de hacer que las ecuaciones de Maxwell se mantuvieran invariantes con el cambio de sistema de coordenadas, pero nosotros las deduciremos a partir del postulado de la constancia de la velocidad de la luz.

Para aclarar lo anterior y lo que ocurre con el tiempo consideraremos un sistema de referencia A en supuesto "reposo" y otro B en movimiento uniforme a lo largo del eje x de A (con velocidad v). Partimos de una situación en la que ambos sistemas están superpuestos en un instante $t_0=0$.

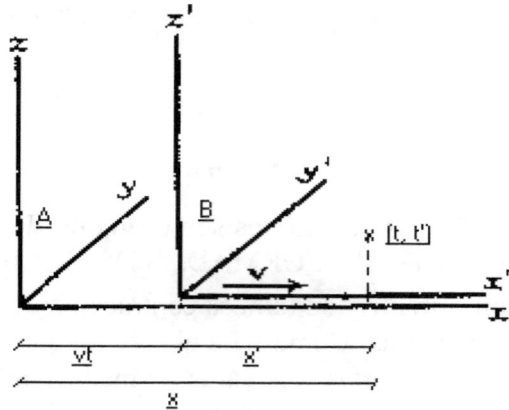

Entonces un rayo de luz es disparado desde el origen de coordenadas de A (que coincidía con el de B en $t=t'=t_0=0$) a lo largo del eje X y en un punto de coordenada x respecto a A un detector percibe el rayo de luz en un instante t para A (y t' para B).

Esta detección ocurriría, desde el punto de vista de A, en una coordenada x - vt del sistema B. Pero por culpa de la contracción de longitudes de Lorentz tendremos que para B sus reglas de medir son menores y por lo tanto esa coordenada x' será mayor en un factor γ, siendo γ el valor indicado en la página anterior

Entonces (como indicábamos arriba)

$$x' = (x - vt)\gamma \qquad (2.14)$$

Por otro lado por el principio de relatividad, tenemos que ambos observadores deberían medir la misma velocidad para los rayos de luz, por lo que ha de ocurrir que $x = ct$ y que $x' = ct'$.

Sustituyendo x' por ct', x por ct y t por x/c en (2.14) se obtiene $ct' = (ct - vx/c)\gamma$, y despejando t' sale:

$$t' = (t - vx/c^2)\gamma \qquad (2.15)$$

Así tenemos que (2.14) y (2.15) junto a **y'=y** y **z'=z** constituyen el llamado **grupo de transformación de Lorentz** (Más vulgarmente : TRANSFORMADAS DE LORENTZ PARA CAMBIO DE SISTEMA DE REFERENCIA).

Ahora el cambio de coordenadas ya no es el galileano sino

$$\boxed{\begin{array}{l} x' = (x - vt)\gamma \\ y' = y \\ z' = z \\ t' = \left(t - \dfrac{vx}{c^2}\right)\gamma \end{array}} \qquad (2.16)$$

siendo t y t' los tiempos relativos transcurridos para cada sistema de coordenadas.

Este grupo de transformación de coordenadas es importantísimo para la relatividad, pues a pesar de haber sido deducido previamente por Lorentz, se deduce también a partir de los postulados de la relatividad. Se podría decir que la relatividad se puede deducir de estas transformaciones y a la vez que estas transformadas se deducen de la relatividad. Si bien estas fueron deducidas antes por Lorentz, fue Einstein el que desarrolló plenamente el principio de relatividad. Para apreciar mejor esta relación observemos un par de detalles y deducciones a partir de las transformadas, o transformaciones de Lorentz.

Aplicación 1 de las Transformaciones de Lorentz: sobre la constancia de la velocidad de la luz para todo sistema de referencia inercial:

El modo en que hemos deducido las transformadas de Lorentz nos lleva a la evidencia (evidente ya que hemos partido de esa premisa para deducirlas) de que a partir de ellas podemos deducir que la velocidad de la luz es invariante para todos los sistemas de referencia inerciales. Veamos como:

Partiendo de la misma situación que hemos puesto al principio de este apartado tenemos que $x=ct$ y por lo tanto $t=x/c$. Y además A puede medir la velocidad de la luz calculando $c=x/t$ y B también la podrá medir calculando

$$c'=x'/t' \qquad (2.17)$$

y ahora usamos las dos transformaciones de Lorentz claves $x' = (x-vt)\gamma$ (2.14)   y $t' = (t - vx/c^2)\gamma$ (2.15)

multiplicamos (2.15) por c y tenemos

$$ct'=(ct-vx/c)\gamma$$

sustituimos ct por x y x/c por t, y tenemos

$$ct'=(x-vt)\gamma \qquad (2.18)$$

cuyo término de la derecha es igual al de la derecha de (2.14) y por lo tanto por igualación tenemos que

$$x'=ct' \qquad (2.19)$$

entonces despejando tengo que

$$x'/t'=c$$

y como $x'/t'=c'$ tenemos que

$$\mathbf{c=c'}$$

*¡Se concluye entonces de las transformaciones de Lorentz que **todo sistema de referencia inercial medirá la misma velocidad de la luz**!*

Lo último expuesto se basa en una medida de la velocidad de la luz en un trayecto sólo de ida. Esto, en principio, podría echar por tierra muchas teorías anti-relatividad que dicen que la velocidad de la luz es sólo constante en trayectos de ida y vuelta y no en trayectos sólo de ida o sólo de vuelta, pero que sin embargo aceptan las transformadas de Lorentz. Sin embargo esto no está tan claro. En el capítulo 49 tratamos el asunto con algo de detalle.

Aplicación 2 de las Transformaciones de Lorentz: Obtención de la fórmula de la dilatación temporal:

De las transformaciones de Lorentz podemos obtener la famosa fórmula de la dilatación temporal ya vista en el capítulo 2, veamos como:

Supongamos un reloj en el origen de coordenadas del sistema móvil B y analicemos que pasa para ese objeto; es evidente que para este reloj $x'=0$ y $x=vt$.

Entonces la transformación cuarta (2.15) se convierte en

$$t' = (t - v^2t/c^2)\gamma \qquad (2.20)$$

y sacando factor común t

$$t'=t(1-v^2/c^2)\gamma \qquad (2.21)$$

y como $\gamma = \dfrac{1}{\sqrt{1-\dfrac{v^2}{c^2}}}$ podemos simplificar y obtener

$$t'=t/\gamma$$

o sea

$$\boxed{t'=t\sqrt{1-\dfrac{v^2}{c^2}}} \qquad (2.22)(1.7)$$

(t' es t contraída o t es t' dilatada)

Esta es justo la fórmula de la dilatación temporal (1.7) que dedujimos a partir de la experiencia de Michelson y el principio de relatividad, que como podemos ver se obtiene perfectamente a partir de las transformaciones de Lorentz.

También se puede deducir a partir de estas transformaciones el teorema de adición de velocidades, como expongo en el siguiente apartado.

7- TEOREMA DE ADICIÓN DE VELOCIDADES

Continuemos con nuestros sistemas de referencia "fijo" A y "móvil" B (a velocidad v). Si un objeto se mueve a lo largo del eje x a velocidad w respecto de B, tendríamos según la mecánica clásica que la velocidad de dicho objeto respecto a A es

$$W = v + w \qquad (2.23)$$

además tendremos que x' = wt' que sustituida en la transformación primera de Lorentz (2.14) nos da

$$wt'=(x-vt)\gamma \qquad (2.24)$$

y despejando

$$t'=(x-vt)/(w/\gamma) \qquad (2.25)$$

entonces sustituyendo t' en la cuarta ecuación de transformación (2.15) tenemos

$$(x-vt)/(w/\gamma) = (t - vx/c^2)\gamma$$

y simplificando y operando paso a paso obtenemos

$$(x-vt)/w = t - vx/c^2$$
$$x - vt = wt - vwx/c^2$$
$$x + vwx/c^2 = vt + wt$$
$$x(1 + vw/c^2) = t(v + w)$$
$$\frac{x}{t} = \frac{v+w}{1+vw/c^2} \qquad (2.26)$$

y como x/t será igual a la velocidad del objeto respecto al sistema A tenemos x/t = W y por lo tanto

$$W = \frac{v+w}{1+\dfrac{vw}{c^2}} \qquad (2.27)$$

que es el **teorema de adición de velocidades.**

Esta fórmula tiene grandes implicaciones, pues al sumar velocidades relativas ya no podemos hacerlo al modo clásico, sino que no tenemos más remedio que usar esta fórmula, y la suma relativista de dos velocidades será siempre menor que la suma galileana sin pasar nunca de la velocidad de la luz.

Así en el caso extremo de v =c y w=c tenemos que

$$W = (c+c)/(1+c^2/c^2) = 2c/(1+1) = c \qquad (2.28)$$

!por muchas velocidades relativas que sumemos nunca pasaremos de c!

Se considera como una prueba a este teorema los resultados de la experiencia de Fizeau respecto a medir la velocidad de la luz en agua en movimiento.

A continuación veremos dicho experimento y luego pasaremos al espacio cuatridimensional de Minkowski.

8- TEST DE FIZEAU: MEDICIÓN DE LA LUZ EN AGUA EN MOVIMIENTO

El test de Fizeau es una de las pruebas más fuertes de la corrección de la teoría especial de la relatividad de Einstein.

Esta experiencia fue concebida y realizada en 1851 con el objetivo de detectar el supuesto éter y analizar el efecto del movimiento del agua en la velocidad de la luz que la traspasa. Fue repetida después por Michelson y por otros.

La pretensión inicial de la experiencia era tratar de diferenciar entre la teoría del éter estático y la del éter totalmente arrastrado por el medio en que viaja la luz. Si el agua moviéndose a velocidad v no arrastraba al éter en absoluto no debería haber diferencia entre la velocidad de la luz en el agua en reposo c_w o en movimiento observada y medida desde el sistema en reposo. Si el agua arrastraba totalmente al éter la velocidad medida debería ser c_w+v o c_w-v según la dirección del movimiento del agua. El resultado que obtuvo Fizeau mediante interferometría fue sorprendente; no obtuvo un resultado que concordara con ninguna de las dos teorías sino que la diferencia de tiempo que obtuvo era de un poco menos que un 43,5 % de la que debería haber según la teoría del éter totalmente arrastrado por el medio. Esta cantidad 0,435 coincide con $(1-c_w^2/c^2) = 0,4346$ siendo para el agua $c_w = 0,7518c$ siendo c la velocidad de la luz en el vacío. Para otros fluidos con velocidades de propagación de la luz diferentes la coincidencia era la misma.

Así se deduce que la velocidad medida fue de $c_w + v(1-c_w^2/c^2)$ y $c_w - v(1- c_w^2/c^2)$ según la dirección de propagación de la luz a favor o en contra de v.

Veamos un poco los detalles del experimento.

Un rayo de luz parte de F, se divide en dos en 1 (1 y 4 son semiespejos) y llega por reflexiones al ojo (un interferómetro) después de recorrer cada rayo una distancia igual al otro y un tramo igual de agua.

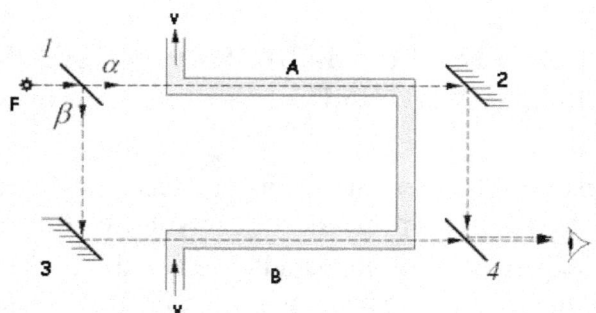

Cuando el agua está en reposo los dos rayos deben llegar a la vez pues los recorridos son idénticos, pero al hacer circular el agua a través de la tubería transparente a velocidad v el rayo α se frenará y el β se acelerará.

Se observó el desplazamiento de las franjas de interferencias obteniéndose un resultado que era coincidente con un gran grado de precisión con la teoría de un éter parcialmente arrastrado de forma que las velocidades de la luz a lo largo de los tubos con agua en movimiento fueran como comentaba arriba:

$$c_{w1} \approx \frac{c}{n} + v\left(1 - \frac{1}{n^2}\right) \qquad (2.29)$$

$$c_{w2} \approx \frac{c}{n} - v\left(1 - \frac{1}{n^2}\right) \qquad (2.30)$$

siendo n el índice de refracción del agua (vel. luz en agua = c/n = c_w con el agua en reposo)

Pero cuando dicha teoría del éter arrastrado quedó en desuso, la experiencia quedó sin explicación.

Con Einstein y su teorema de adición de velocidades se llegó una explicación más plausible. Veamos como sucede esto.

La ecuación del teorema de adición de velocidades (2.27) que se deduce de las ecuaciones de transformación de Lorentz es, como se deduce en él capítulo anterior:

$$W = \frac{v+w}{1+\frac{vw}{c^2}}$$

siendo v y w las velocidades a sumar (una es la velocidad del sistema de referencia en movimiento y la otra la velocidad observada desde dicho sistema de referencia) y W la velocidad resultante a observar.

Así si consideramos al agua en movimiento como un sistema inercial de velocidad v, podemos considerar que un observador en reposo respecto al agua medirá como velocidad de la luz en el agua (w) la misma que corresponde a la velocidad del agua en reposo y con la anterior fórmula podemos calcular el resultado de la experiencia.

Haciendo dichos cálculos podemos ver que las predicciones de la RE (relatividad especial, uso RE en varias partes del libro) coinciden con bastante precisión con la experiencia. Además, comparando los resultados de esta fórmula con la del éter parcialmente arrastrado se aprecia que los resultados son casi iguales para velocidades bajas del agua en circulación. Se puede considerar entonces que la expresión correspondiente al éter arrastrado es una aproximación del teorema de adición de velocidades para velocidades bajas.

Para observar esta aproximación matemáticamente podemos sustituir w por c/n (la velocidad de la luz en el agua) y operando y luego realizando una aproximación tenemos que para el tramo B

$$V_{r1} = \frac{\frac{c}{n}+v}{1+\frac{v\frac{c}{n}}{c^2}} = \frac{\frac{c}{n}+v-\frac{v}{n^2}-\frac{v^2}{nc}}{1-\frac{v^2}{n^2c^2}} \approx \frac{c}{n}+v\left(1-\frac{1}{n^2}\right)$$

(2.31)

(multiplíquese numerador y denominador por el conjugado del denominador para pasar a la expresión central, y despréciense los términos finales de denominador y numerador para v<<c para pasar a la expresión final)

y lo mismo ocurre para el otro trayecto de la luz.

Como ejemplo numérico de la similitud entre la expresión planteada por Fizeau y la de la adición de velocidades de Einstein, podemos calcular fácilmente que (poniendo las velocidades en fracción de c) para c=1, velocidad del agua v=0,001, y velocidad de la luz en el agua w=0,75180 se obtiene para la expresión de Fizeau una velocidad c_w=W=0,75223480 y según la fórmula de adición de velocidades c_w =W=0,75223447. La diferencia no se aprecia hasta llegar al séptimo decimal para velocidades del agua de una milésima de la de la luz (v=0,001=300 km/s). Para velocidades menores típicas de un laboratorio la diferencia es inapreciable.

Con esto tenemos que la teoría de la relatividad de Einstein sirve para explicar la experiencia de Fizeau.

9- EL ESPACIO EN CUATRO DIMENSIONES, MINKOWSKI

El espacio cuatridimensional fue introducido por **Minkowski**, probablemente inspirado en las ideas de Poincaré, pero antes de hablar de ello veamos como introducción que ocurre por culpa del principio de constancia de la luz:

Consideremos al espacio y al tiempo como definidos físicamente respecto de dos sistemas inerciales A y B y un rayo de luz que se propaga en el vacío de un punto a otro. Si r es la distancia medida entre los dos puntos tendremos que para el sistema en "reposo" (podemos elegir al A o el B),

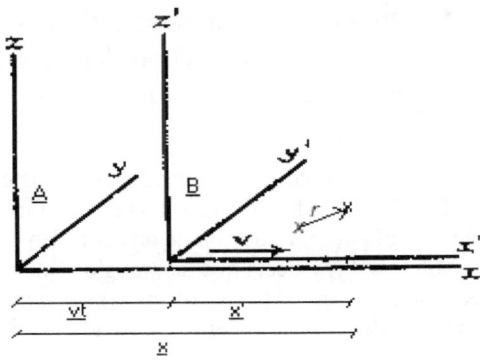

tendremos que $r = c \cdot \Delta t$, y elevando al cuadrado ambos miembros y expresando r^2 mediante el teorema de Pitágoras aplicado a las componentes de su vector tenemos que

$$r^2 = (\Delta x)^2 + (\Delta y)^2 + (\Delta z)^2 = c^2 (\Delta t)^2 \qquad (2.32)$$

Y por el principio de constancia de la velocidad de la luz también deberá ocurrir lo mismo para el otro sistema inercial en "movimiento" respecto al primero.

$$(\Delta x')^2 + (\Delta y')^2 + (\Delta z')^2 = c^2 (\Delta t')^2 \qquad (2.33)$$

Con esta introducción aparece que el verdadero elemento en la determinación del espacio-tiempo es el suceso determinado por los cuatro números **x, y, z y t** pudiendo entonces considerar estos cuatro números como las **coordenadas de un suceso en el continuo de cuatro dimensiones.**

Así para poder trabajar mejor con las ecuaciones de la relatividad especial, **Minkowski** asignó a todo evento una **cuarta dimensión** perpendicular a las otras tres y de componente imaginaria cuyo valor sería ict siendo i la componente imaginaria (raíz cuadrada de -1). De este modo tendríamos que, por el teorema de Pitágoras, un **diferencial de espacio-tiempo** "ds", **intervalo espacio-temporal** entre dos instantes será tal que

$$(ds)^2 = (dx)^2 + (dy)^2 + (dz)^2 + (dw)^2 \qquad (2.34)$$

Esta es la expresión que define el espacio-tiempo cuatridimensional de Minkowski y de la relatividad especial, siendo **w=cti** y teniendo entonces 4 ejes de coordenadas de tipo cartesiano en el que podemos aplicar el teorema de Pitágoras sin problemas.

> Es interesante remarcar aquí que Poincaré en un artículo casi simultáneo al de Einstein de 1905 analizó las transformaciones de Lorentz y proponía la introducción de una coordenada cti (la misma de Minkowski) y decía que las transformaciones de Lorentz quedaban representadas por rotaciones de el continuo tetradimensional que dejan invariantes la cantidad $c^2(dt)^2 - (dx)^2 - (dy)^2 - (dz)^2$

Si cambiamos de sistema de referencia tendremos
$$(ds')^2 = (dx')^2+(dy')^2+(dz')^2+(dw')^2 \qquad (2.35)$$

que ha de ser igual a (2.34) pues ds resulta un vector con longitud **invariante**, igual, para ambos sistemas de referencia, por el principio de relatividad.

Para ilustrar esta igualdad de longitudes imaginemos un sistema de coordenadas XY cartesiano normal y un segmento en ese sistema. Ahora mueve o gira el sistema de coordenadas dejando quieto el segmento. Pues bien, el segmento sigue siendo de la misma longitud, simplemente ha cambiado de posición respecto al sistema de coordenadas.

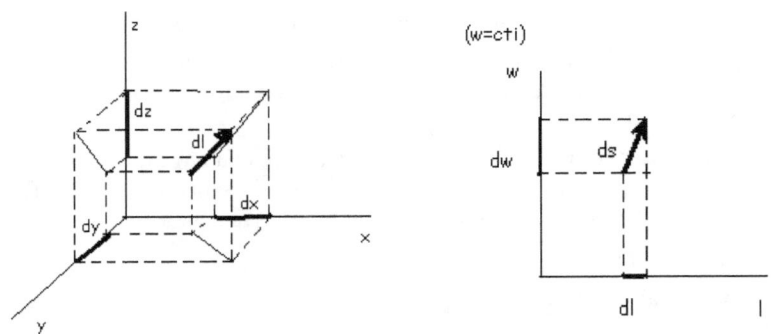

Esta expresión matemática **(ds)² = (ds')²** se cumple perfectamente para las ecuaciones de transformación de Lorentz, por lo que Einstein adoptó este modelo del espacio-tiempo. Es la **MÉTRICA DE MINKOWSKI**.

Para ilustrar esta igualdad, por ejemplo si consideramos la cantidad $s^2 = c^2t'^2 - x'^2$ y le aplicamos las transformaciones de Lorentz, simplificando obtenemos que esta expresión es igual a $c^2t^2 - x^2$. Por lo tanto podemos decir que $s^2 = s'^2$ y podemos ver que las transformaciones de Lorentz implican que la cantidad $c^2t^2 - x^2$ no depende del marco de referencia, o sea que $(ds)^2 = (ds')^2$ para cualquier sistema de referencia inercial tenemos que al igual que la velocidad de la luz es idéntica para todos los sistemas de referencia inerciales, un diferencial de espacio-tiempo medirá lo mismo para todos los sistemas de referencia inerciales. A continuación podemos ver un ejemplo numérico de dicha igualdad.

COMPROBANDO QUE $(ds)^2 = (ds')^2$ para las transformaciones de Lorentz

Lo haremos mediante un ejemplo numérico.

Supongamos un evento E situado a 0,8 años luz de nosotros (sistema en reposo o inercial) y a un año de distancia temporal (por ejemplo una explosión de un supuesto astro dentro de un año). Eliminemos las coordenadas "y" y "z" usando sólo las "x" espacial. y "w" temporal para simplificar. Así tendremos que x=0,8 años luz y w=cti=1i años luz (un año luz imaginario).

ds será la distancia espacio temporal entre nuestro instante actual (origen de coordenadas (0, 0)) y dicho evento E = (0,8 , i)

$$(ds)^2 = 0{,}8^2 + i^2 = 0{,}64 - 1 = -0{,}36$$

(observemos que aquí Pitágoras nos juega una mala pasada pues la hipotenusa es más corta que los catetos y además es compleja! ¡cosas de los números complejos!)

Ahora tomemos como sistema de referencia una nave que pasó al lado de nosotros en dirección a dicho evento a velocidad v=0,6c en el instante (0, 0). Aplicando el grupo de transformación de Lorentz tenemos que

$\gamma = (1-0{,}6^2)^{-1/2} = 1{,}25$

y los valores x', t' y w', a partir de las transformaciones de Lorentz, del evento son

x' = (x-vt) γ = (0,8-0,6)1,25 = 0,25 años luz
t' = (ct -vx/c^2) γ = (1-0,6.0,8/1)1,25=0,65 años
w' = ct'i =0,65 i años luz

entonces las coordenadas del evento para la nave viajera son: E'=(0,25 , 0,65 i) y

$$(ds')^2 = 0{,}25^{\,2} + (\,0{,}65\ i)^2 = -0{,}36$$

Así que $(ds)^2 = (ds')^2$

Así, con este modo de representar eventos, tenemos al tiempo como una **cuarta dimensión.**

Aparece el mundo de los cuadrivectores, siendo un **cuadrivector** de un suceso un vector de 4 coordenadas (x , y , z , cti) que pueden ser utilizados y transformados mediante operaciones, y se entra en el mundo **del cálculo tensorial** y los invariantes.

Además podemos simplificar $(ds)^2$ poniendo como dl a las componentes reales del cuadrivector ds. Así tenemos que podemos representar el vector por sus coordenadas **ds** =(dl, icdt), y entonces sustituyendo dl por vdt obtenemos:

$$(ds)^2 = (dl)^2 + (icdt)^2 = (vdt)^2 - (cdt)^2 = (dt)^2 (v^2 - c^2)$$

es decir

$$(ds)^2 = -(dt)^2 (c^2 - v^2) \qquad (2.36)$$

haciendo raíces cuadradas a ambos lados y luego operando y sustituyendo dt/γ por dt', tenemos

$$ds = i\, dt\, \sqrt{c^2 - v^2} = ic\, dt \sqrt{1 - \frac{v^2}{c^2}} = ic\, dt' \qquad (2.37)$$

con lo que observamos que **ds es el espacio que recorrería la luz durante el *tiempo propio* dt'**, del objeto en movimiento, en coordenada imaginaria. Lógico pues respecto a si mismo el observador viajero no se mueve y sólo tendrá coordenada temporal.

Podemos hallar este valor también sustituyendo en (2.35) dx', dy' y dz' por 0 y obtendremos $(ds')^2 = (dw')^2 = (cdt'i)^2)$

es decir

$$ds' = cdt'i \qquad (2.38)$$

que es igual a ds. Por algo se le llama un **invariante**.

El uso de cuadrivectores y la métrica de Minkowski son una herramientas muy poderosas de la teoría de la relatividad y sustituyen a menudo al uso de las transformaciones de Lorentz.

10- MASA Y ENERGÍA: MASAS EN MOVIMIENTO Y ENERGÍA CON CUADRIVECTORES, $E=Mc^2$

Para este apartado necesitamos seguir introduciendo los cuadrivectores para deducir la igualdad entre masa y energía, pero creo que merece la pena el esfuerzo ver la relación entre el cuadrivector momento y la energía de una partícula en movimiento.

Llamemos x_μ al cuadrivector correspondiente a un suceso (indicando en **negrita** que se trata de un vector, y en letra normal cuando se trate de un valor escalar), cuyas coordenadas serán (x, y, z, cti) =(l, cti)

Entonces su diferencial, dx_μ, será también un cuadrivector, que dividido por dt nos daría un cuadrivector velocidad en función de t, $v_\mu = (v, ci)$, pero si en vez de dividirlo entre dt lo dividimos entre el tiempo propio, que llamaremos $d\tau$, nos dará el llamado "**cuadrivector velocidad**" u_μ respecto al tiempo propio de la partícula.

Como $d\tau = dt/\gamma$, tenemos que:

$$\vec{u}_\mu = \frac{d\vec{x}_\mu}{d\tau} = \frac{\gamma d\vec{x}_\mu}{dt} = \gamma \vec{v}_\mu = \gamma(\vec{v}, ic) \qquad (2.39)$$

(siendo $\gamma = \dfrac{1}{\sqrt{1-\dfrac{v^2}{c^2}}}$ y v las componentes reales del vector velocidad visto desde el sistema en reposo).

Podemos ver que la simplificación ha quedado en función de la velocidad **v** respecto de t.

Multiplicando u_μ por la masa en reposo m_0 obtengo el **cuadrivector momento** (o cantidad de movimiento).

$$p_\mu = m_0 u_\mu = \gamma m_0(v, ic) \qquad (2.40)$$

Que por cierto es un **invariante** en relatividad.

De aquí se observa que la componente real de p_μ es

$$p = \gamma m_0 \mathbf{v} \qquad (2.41)$$

que coincide con el típico momento clásico pero multiplicado por γ. Como vemos, esta expresión equivale a decir que la masa ha aumentado y ahora es $m = \gamma m_0$, que sustituyendo γ por su valor queda como la ecuación (1.6)

$$\boxed{m = \frac{m_0}{\sqrt{1 - v^2/c^2}}} \qquad (2.42)(1.6)$$

que es la conocida fórmula del **aumento de masa con la velocidad**. (Pero téngase en cuenta que en física moderna no se considera un aumento de masa como tal, sino que lo que hay es un aumento de energía total que equivale a un aumento de masa).

Si observamos ahora la componente imaginaria de $\mathbf{p}_\mu$, su cuarta componente, vemos que es $\gamma m_0 ic$, que corresponde a la energía total dividida entre c. Si para que tenga unidades de energía multiplicamos esta componente del momento por la velocidad en la coordenada temporal, que es ci, se convierte en

$$ci(\gamma m_0 ic) = -\gamma m_0 c^2$$

Esta es la expresión de la **energía total** de la partícula, cambiada de signo, es decir

$$\boxed{E = \frac{m_0 c^2}{\sqrt{1 - \frac{v^2}{c^2}}}} \qquad (2.43)$$

Esta energía representa la energía cinética más la propia energía de la materia en reposo, y será **la energía total de un cuerpo.**

A partir de aquí, para velocidades nulas podemos hallar la energía de la materia en reposo. Así, cuando v=0 tendremos que el denominador valdrá 1, lo que convertirá la ecuación en

$$\boxed{E_0 = m_0 c^2} \qquad (2.44)(1.18)$$

Que es la expresión de la **energía de una partícula en reposo**, o energía de la materia. Esta expresión de equivalencia entre masa y energía es muy útil y ampliamente utilizada, por ejemplo para calcular la energía liberada en las reacciones nucleares.

También podemos hallar la expresión de la **energía cinética relativista**, que vendrá dada por la diferencia entre las dos expresiones anteriores (2.43-2.44), y que sacando factor común queda

$$E_c = m_0 c^2 \left(\frac{1}{\sqrt{1-\frac{v^2}{c^2}}} - 1 \right) \quad (2.45)$$

Esta Ec tiende a infinito al acercarse la velocidad v al valor c, la velocidad de la luz, y para velocidades bajas el paréntesis se aproxima a $v^2/2c^2$, con lo que simplificando queda la fórmula de la Ec clásica.

A la fórmula **E=mc²** se le suele llamar "la fórmula de Einstein" y la propuso en 1905 en su segundo artículo sobre relatividad *"Does the Inertia of a Body Depend upon Its Energy-content?"*[4]. Allí podemos ver que deduce la ecuación de la variación de energía cinética de un cuerpo que emite dos rayos de luz opuestos, y deduce que dicha variación es

$$\Delta E_c = L \left\{ \frac{1}{\sqrt{1-v^2/c^2}} - 1 \right\} \quad (2.46)$$

Y de aquí deduce, por comparación con la fórmula de energía cinética clásica, que:

"If a body gives off the energy L in the form of radiation, its mass diminishes by L/c²"

Es decir, la masa perdida es igual a la energía emitida dividida entre la velocidad de la luz al cuadrado, lo que implica que m=E/c² y despejando E tenemos E=mc², **la energía de la masa se puede calcular multiplicando la masa por la velocidad de la luz al cuadrado**

Hay otra forma de llegar a la expresión de la energía cinética relativista de una partícula. A continuación pongo los pasos resumidos para obtenerla mediante cálculo diferencial, para interesados.

Empecemos por tener en cuenta que trabajo es fuerza por espacio (F dx) que fuerza es masa por aceleración (m du/dt), pero en este caso u = vγ

$$Ec = \int F dx = \int m \frac{d}{dt}(\gamma v) dx =$$

$$= m \int \frac{d(\gamma v)}{dt} \frac{dx}{dt} dt = m \int_0^v v \cdot \frac{d}{dt}\left(\frac{v}{\sqrt{1-(v/c)^2}}\right) dt =$$

(2.47)

$$E_c = m_0 c^2 \left(\frac{1}{\sqrt{1-\frac{v^2}{c^2}}} - 1\right) = \frac{m_0 c^2}{\sqrt{1-\frac{v^2}{c^2}}} - m_0 c^2$$

obteniendo la misma expresión, (2.45)

También se puede hacer el razonamiento a la inversa y desde aquí, analizando los dos términos finales de la expresión hallamos la energía total, el primer término, y la energía de la materia en reposo, el término de la derecha.

11- LA PARADOJA DE LOS GEMELOS EXPLICADA CON LINEAS DE UNIVERSO

Supongamos dos **gemelas** "Rosa" y "Verde" (creo que será más divertido con gemelas). Rosa se queda en la Tierra mientras que verde parte hacia una **estrella PC** (Próxima Centauri) situada **a 4 años luz**. El viaje se realiza a **0,8c**, de modo que entre la ida y la vuelta Verde tardará 10 años.

Por la relatividad especial tenemos que el tiempo de quien se mueve se "frena" en un factor $\frac{1}{\gamma}=\sqrt{1-\frac{v^2}{c^2}}$, y así $1/\gamma$=raíz(1-$0,8^2/1^2$)=0,6 , o sea que relativamente hablando Verde solo tardará 6 años de tiempo propio en ir y volver, volviendo más joven que Rosa.

La visión del fenómeno se puede representar en un gráfico espacio-tiempo (e-cti) poniendo en el eje Y un supuesto espacio complejo cti. La línea que recorre cada persona es su "línea de universo". Evidentemente la máxima inclinación de una línea respecto al eje Y será de 45 grados pues la velocidad de la luz es la máxima.

Así desde el **punto de vista de Rosa (t)**, tenemos el siguiente diagrama e-t (cada punto representa un año).

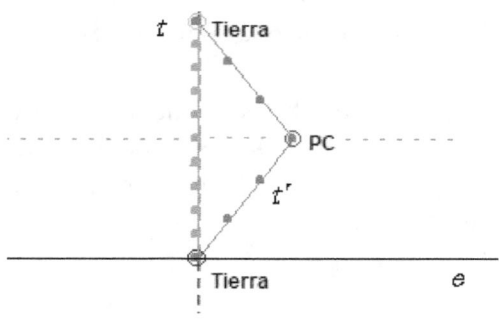

Podemos ver que cuando Verde llega a PC, para Verde (t') han pasado 3 años (cada punto grueso es un año) mientras para

Rosa (t) han pasado 5 años, y cuando Verde vuelva la Tierra habrán pasado **6 años para Verde y 10 para Rosa.**

Pero según el **punto de vista de Verde** durante el trayecto de ida (y de una partícula acompañante a Verde que siguiera en línea recta después de llegar a PC) el diagrama e-t es diferente:

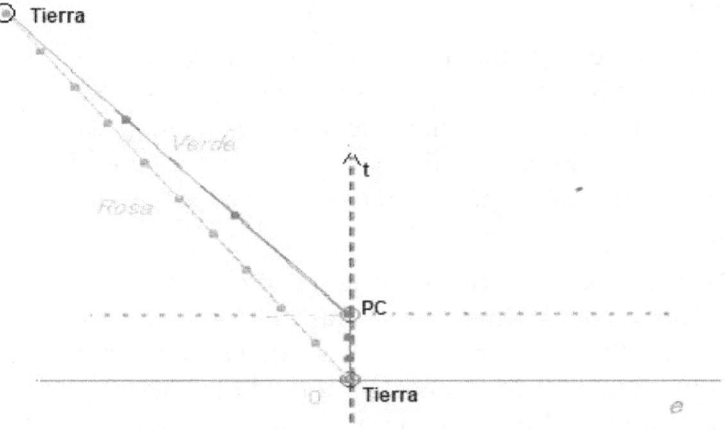

Para empezar, para Verde y su partícula acompañante (t) la Tierra es la que se aleja a velocidad 0,8c (y PC se acerca a Verde a velocidad 0,8c) y la distancia entre la Tierra y PC ha encogido en un factor de 0,6 (siendo ahora de 4x0,6=2,4 años luz) ya que podemos considerar una regla que una las dos estrellas y que se mueva con velocidad 0,8c contraída por efecto relativista.

Así al final de la **ida** cuando Verde llega a PC, para Verde y su partícula acompañante han pasado **3 años** (e/v=2,4/0,8=3) mientras que para PC y para la Tierra sólo han pasado 3x0,6=**1,8 años** (trazar una horizontal en PC y ver donde corta a la línea de Rosa en el gráfico).

Una vez **llegada a PC**, verde ha girado 180 grados y el gráfico es sólo válido desde el punto de vista de la partícula acompañante ya que Verde se aleja de dicha partícula a una velocidad según el teorema de adición de velocidades (2.27), que es

$w=(u+v)/(1+uv/c^2)=(0,8+0,8)/(1+0,8 \times 0,8/1^2)=$ 0,975609756, o sea a 0,975609756c ¡casi la velocidad de la luz!

Para la partícula viajera resulta que ahora Verde tiene un tiempo "frenado" en un factor de $1/\gamma=0,219512195$, aún más lento que Rosa que lo tiene en 0,6 (esto hace que los puntos verdes estén muy distanciados (gran enlentecimiento temporal - *"time dilation"*)).

El cálculo del tiempo que tarda Verde en volver a la Tierra según la partícula viajera puede resultar lioso, pues el sistema Tierra-PC se mueve y la velocidad de Verde es relativa, salvo si usamos un truco para hacerlo de modo correcto y rápido. Es a partir del tiempo de 3 años que sabemos que Verde cronometrará en la vuelta.

De este modo los tres años que Verde cronometra que tarda en volver a la Tierra son para la partícula viajera más: 3/0,219512195 = 13,6666 años. O sea que según la partícula viajera Verde tarda 13,6666 años en volver a la Tierra, pero por su cambio temporal Verde tarda sólo **3 años** en volver en tiempo propio.

Y este tiempo transcurrido para Rosa, al tener el tiempo más lento que la partícula viajera en 0,6, será 0,6*13,66666=**8,2 años**.

Así que desde el inicio de la aventura Verde tarda 3+3= 6 años de tiempo propio en ir y volver y Rosa vive en ese periodo 1,8 + 8,2 = 10 años.

Justo lo mismo que cuando supusimos que el reposo estaba en la Tierra. Justo lo que ocurre en realidad.

La RE (relatividad especial, uso RE en varias partes del libro) **da el mismo resultado para esta experiencia tomemos el sistema de referencia que tomemos como en reposo. <u>NO hay paradoja</u>.**

Aún así, después de ver esta demostración de la relatividad, alguno puede decir que la paradoja no se ha resuelto., y que **la paradoja se le genera a Verde** que, durante todo el trayecto "observa" a su hermana más joven, a tal punto que espera encontrarla sólo 3.6 años más vieja cuando regresa, pero descubre que Rosa es 10 años más vieja cuando se para al lado de ella.

Pues bien. Mi respuesta es que Verde no sabe que la RE le dice que lo que observe no sirve de mucho pues ha cambiado de sistema inercial a mitad de trayecto, y que tenía que haber hecho los cálculos como los hemos hecho en estos mensajes y calcular que Rosa envejece 10 años.

O sea, que **la respuesta a la paradoja es que Verde está usando mal la RE** y por eso le salen paradojas. Lo que Verde crea u observe al aplicar la RE como si no hubiera cambiado de sistema de referencia inercial, cuando en realidad sí lo hecho, sobre que sucede en Rosa no tiene mucho valor, tal vez no haya que confundir "observar" con "ser".

Habitualmente los análisis sobre el tema se quedan aquí o en menos (simplemente diciendo que no hay simetría y que el trayecto de Verde **no es inercial y por eso no hay paradoja**), pero vamos a tratar de avanzar un poco más y ver que le pasa a Verde durante el trayecto de vuelta ¡desde su propio punto de vista!

Desde el **punto de vista de Verde durante el trayecto de vuelta** desde PC a la Tierra el diagrama es el siguiente:

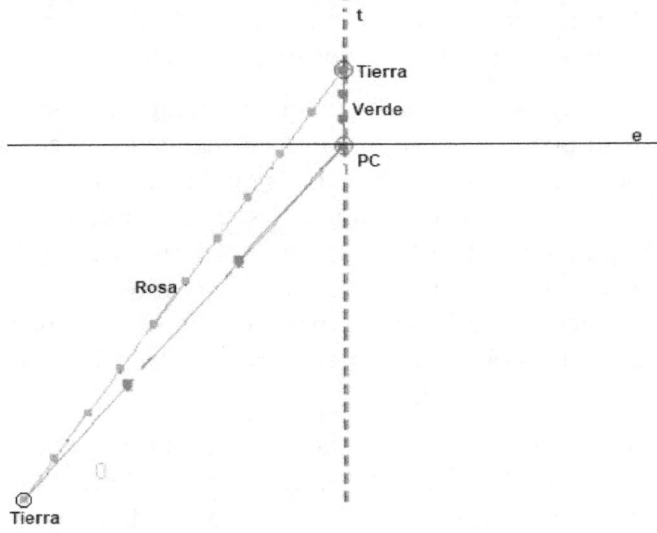

Verde está ahora viajando de PC a La Tierra y tardará 3 años, igual que en la ida.

Así que concluimos que **Verde tarda 6 años** en hacer el recorrido total previsto ¡igual que desde el punto de vista de Rosa! mientras vemos en el gráfico que Rosa tarda 10 años.

Con esto parece que la paradoja queda resuelta. **Todo sistema de referencia inercial es válido como referencia.** Verde es inercial a la ida, Verde es inercial a la vuelta, pero durante el giro ...

Sólo hay un **problema**: antes del giro, según el punto de vista de Verde habían transcurrido 1'8 años para Rosa, mientras que después del giro (si trazamos una horizontal por PC podemos verlo) para Rosa sólo quedan 1,8 años para que llegue Verde a la Tierra (lógico puesto que el tiempo de Rosa es más lento según Verde). Esto suma sólo **3,6 años para Rosa**.

Hay una posible una explicación: Parece que ha habido un *"salto temporal"* respecto a la vida de Rosa vista según Verde, producido por el cambio de dirección a velocidades cercanas a la de la luz. Gráficamente podemos verlo como un giro en el sistema de referencia espacio-temporal. Cuando Verde gira, gira su sistema de referencia pero no como lo haría de un modo galileano, ya que ha girado 180 grados en este modo.

El "salto temporal" o desplazamiento temporal hacia delante respecto a su percepción de Rosa es en realidad una cuestión de simultaneidad. Las líneas horizontales que hemos trazado marcan los puntos de simultaneidad para el sistema, y durante el giro la línea de simultaneidad de Q irá variando su punto de corte con la línea rosa produciéndose durante este giro un avance en la percepción del tiempo de Rosa por parte de Verde. Se podría decir que Verde "percibirá" de modo comprimido todo lo sucedido en Rosa durante ese "salto" de tiempo.

De todos modos debemos tener en cuenta que lo que cambia no es el tiempo de Rosa sino la percepción que de éste tiene Verde, o mejor dicho la que tendría si pudiera ver de modo instantáneo a Rosa, cosa que por otro lado nunca podrá hacer pues las señales que reciba siempre tendrán como máximo la velocidad de la luz.

Con esto se explica toda paradoja posible de gemelos y sin restringir las comparaciones del experimento mental a los sistemas inerciales (principio de relatividad especial), sino que abarca a todos los posibles sistemas (principio de relatividad general) pues Verde ha acelerado, cambiado de dirección y frenado, aunque las aceleraciones y giros se hayan hecho de modo casi instantáneo en el problema.

Todo esto resulta un poco "artificial" para muchos, complicado y puede llevarles fácilmente a nuevas paradojas por el "salto temporal en el giro. Personalmente prefiero la respuesta simple: Verde no es un sistema inercial, o mejor: Verde usa mal la RE.

Por otro lado cuando Einstein plantea su RG y se plantea el problema de los sistemas inerciales termina diciendo (más o menos) que **todo sistema acelerado es inercial localmente,** en un diferencial de tiempo (y por lo tanto un ds) y que **hay equivalencia de sistemas inerciales sólo instantáneamente.**

Así tenemos que según la RG **"localmente" (en cada diferencial de tiempo) son equivalentes Rosa y Verde como sistema de referencia, pero globalmente para todo el recorrido NO.**

12- SIMULTANEIDAD, FTL Y RUPTURA DE CAUSALIDAD

En principio parece absurdo que podamos plantearnos dudas sobre el concepto de simultaneidad o sobre si dos sucesos son simultáneos o no, pero la cosa no es tan simple.

Si los dos sucesos se producen en el mismo punto, o al menos muy cerca uno de otro, no hay problema en determinar si son sucesos simultáneos o no, pero si estos sucesos ocurren en lugares alejados la determinación de si son o no simultáneos se vuelve difícil y confusa.

Pongamos un ejemplo. Supongamos que en un vagón de un tren disponemos de dos detectores de luz, uno a cada extremo del vagón, y una lámpara en el centro. Encendemos la lámpara y observamos los detectores.

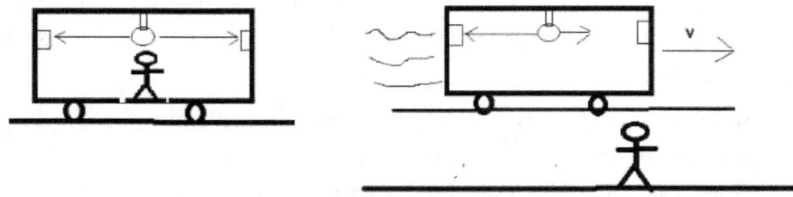

Supongamos que el tren se mueve hacia la derecha a velocidad v. Tenemos entonces que, visto desde un observador en reposo, el rayo llegará antes al receptor de la izquierda que al de la derecha. Resulta que la llegada de los rayos de luz no es simultánea. Pero determinar que algo está en reposo o en movimiento es una tarea imposible. Para un observador en el tren es el tren el que está en reposo y es el andén el que se mueve; entonces los rayos de luz sí llegan simultáneamente a los receptores.

¿Podría determinar si realmente dichos rayos llegan simultáneamente o no a los receptores y así hallar cual de los dos observadores tiene razón?.

La respuesta es que no puedo, ya que no puedo saber si algo se mueve o no cuando dicho movimiento es uniforme.

El principio de relatividad me dice algo al respecto: la velocidad de la luz es la misma para todos los sistemas de referencia inerciales y puedo tomar como en reposo el sistema de referencia que desee, o dicho de otro modo, cada observador puede tomarse a si mismo como en reposo.

Si tomamos como sistema de referencia al andén, entonces los sucesos no son simultáneos, los rayos no llegan a la vez.

Si tomamos en cambio como sistema de referencia al tren, entonces los sucesos sí son simultáneos. Los rayos sí llegan a la vez.

La **simultaneidad** resulta ser **relativa**.

Esto es perturbador y muchos pensarán que esto es absurdo, que o los sucesos son simultáneos o no lo son.

Un pensamiento común al respecto es pensar que si disponemos de relojes perfectamente sincronizados en cada receptor, podríamos comparar la hora a la que llegan los rayos y determinar con exactitud si son o no son simultáneos los sucesos. Pero no es tan simple, pues sincronizar relojes distantes es un gran problema si lo hacemos en un sistema en movimiento. Si los sincronizo con rayos de luz tengo el mismo problema que con la simultaneidad pudiendo estar desfasados desde el punto de vista de otro observador. Y si los sincronizo en el centro y los desplazo a los extremos resulta que el movimiento diferente hacia cada lado (visto desde el sistema en reposo) provocará esos mismos desfases.

La visión de que debe haber una simultaneidad "real", absoluta, implica la existencia de un reposo absoluto desde el cual hacer es sincronización. pero el reposo es indeterminable y a la vez cualquier sistema inercial se puede considerar en reposo respecto a si mismo.

Desde un punto de vista clásico, no podemos afirmar ni decidir quien está en reposo y no podemos determinar la simultaneidad correcta. Desde un punto de vista relativista tenemos que cada sistema de referencia inercial tiene su propia simultaneidad perfectamente correcta. Para el observador del tren su simultaneidad es correcta mientras que para el del andén tendrá otra simultaneidad, si la buscara en detectores en el andén, que también sería correcta, y sería diferente a la del otro.

Para la relatividad no es que la simultaneidad sea indeterminable, no es que no podamos saber quien tiene razón, sino que ambos la tienen.

Es interesante indicar que este problema de la sincronización ya fue deducido por Poincaré[71][72], antes que por Einstein, del análisis del trabajo de Lorentz. En sus palabras: *"Los relojes puestos en hora de esta manera no marcarán, por lo tanto, la hora correcta, sino que señalarán lo que podríamos llamar tiempo local, de suerte que uno de ellos retrasará respecto al otro.*

Poco importa puesto que no existe modo alguno de apercibirse de ello....; así como exige el principio de relatividad, no tendrá ningún medio de saber si se halla en reposo o en movimiento absoluto".

Como podemos ver, en este tema las diferencias entre Einstein y Poincaré son prácticamente nulas. Únicamente difieren en que para Einstein no existe tal tiempo local. Será en todo caso un tiempo relativo, puesto que cualquier sistema de referencia inercial podrá ser tomado como en reposo. Hablar de tiempo local implicaría suponer la existencia de un tiempo absoluto, cosa que es tan indeterminable como el reposo o movimiento absolutos.

La simultaneidad o sincronización absolutas son inverificables, y por ello Einstein procede a eliminar estas nociones de la física, igualmente que la velocidad absoluta y la aceleración absoluta, y procede a definir la simultaneidad como lo que ocurre a la vez a la luz de medios lumínicos de comunicación, o sea que **la simultaneidad queda como algo relativo a cada observador y su estado de movimiento.**

¿Y SI... EXISTIERA UN MEDIO DE COMUNICACIÓN INSTANTÁNEO?

Pero, ¿qué pasaría si existiera algún medio para enviar señales a velocidad infinita? Esto pertenece al ámbito de la ciencia ficción, pero a veces se habla de posibles agujeros de gusano, partículas taquiónicas o entrelazamiento cuántico, que tal vez permitan esa posibilidad de comunicación instantánea. Es un *"What if...faster than ligth?"* digno de analizar.

En este caso suele surgir a relucir el problema de la causalidad. Paradojas temporales interesantes.

Para entender como usaremos unos dibujos de diagramas espaciotemporales para analizar un ejemplo típico de **ruptura de causalidad** con un tren a gran velocidad pasando por un andén. Usaremos los típicos conos de luz que se usan mucho en relatividad especial, pero superponiendo los correspondientes a dos sistemas inerciales de referencia, con x y t para el sistema del andén

(U), y x' y t' para el sistema de referencia del tren en movimiento (U').

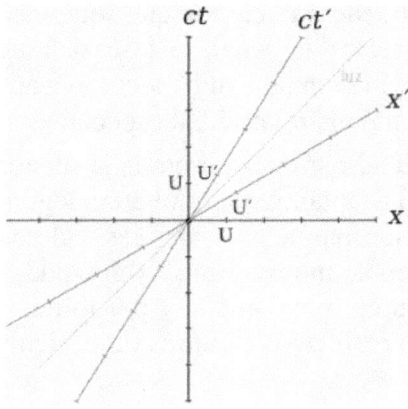

La clave está en que para poder superponerlos dibujar el eje t' (o ct') no hay problema, pues corresponde al movimiento del tren visto por el andén, pero el eje x' ha de dibujarse simétrico al ct' respecto a la bisectriz del primer cuadrante, que representa el movimiento de la luz para ambos sistemas, y es igual para ambos.

La siguiente imagen ilustra el experimento mental.

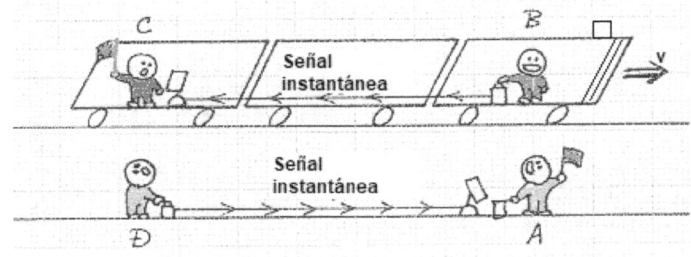

D y A están en el andén, y cuando el tren pasa a velocidad relativista y C está a la altura de D y B a la de A, A envía una señal a B, por ejemplo una bandera verde. Esto se produce instantáneamente porque están muy cerca A y B, entonces inmediatamente B envía una señal a C indicando el color de la bandera. C lo recibe e inmediatamente levanta la bandera verde que, al estar D muy cerca de él, D ve inmediatamente. A continuación D envía a A una señal indicándole que la bandera es verde.

En principio puede parecernos que todo esto sucede secuencialmente que A recibe la señal de D casi inmediatamente después de que él haya levantado su bandera avisando a B, pero desde el punto de vista de la relatividad especial esto no es así.

La simultaneidad para el tren no es la misma que para el andén. Las señales instantáneas se moverán según las líneas de simultaneidad que son paralelas a los ejes x de cada sistema inercial, y como el tren se mueve a gran velocidad, su eje x' está inclinado respecto al eje x del andén y por lo tanto el envío instantáneo de B a C se realiza yendo atrás en el tiempo visto desde el andén.

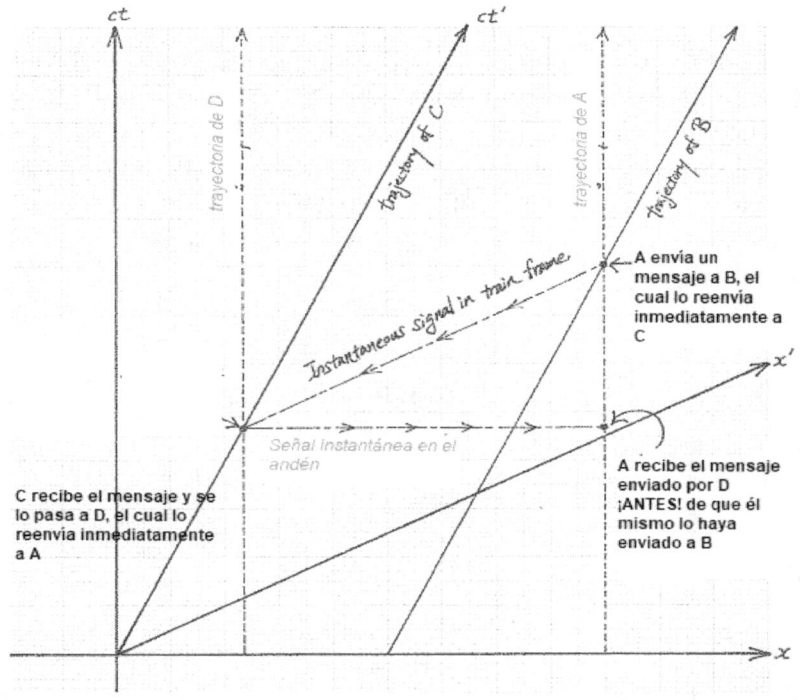

El resultado es que A recibe la señal de D antes de que él mismo haya levantado la bandera y dado la señal a B.

El efecto ha llegado antes que la causa. A esto se le llama una **ruptura de causalidad**, o una paradoja de causalidad y es uno de los motivos que se argumentan para afirmar que nunca tendremos nada, ni siquiera un medio de comunicación, a velocidad infinita. De hecho también sucede algo parecido para velocidades no tan altas pero superiores ala velocidad de la luz. Así que , por las paradojas de ruptura de causalidad se concluye que nunca se podrá superar la velocidad de la luz.

Salvo que…

Sería necesaria la existencia de un sistema de referencia privilegiado, de modo que los mensajes o viajes instantáneos sólo se produzcan respecto a ese sistema de referencia, para que éstos viajen siempre en ese sistema de referencia y no en otro. Los mensajes instantáneos no serían relativos al propio sistema de referencia del que envía el mensaje y no dependerían de su velocidad. El sistema privilegiado sería el único que transmitiría ese tipo de mensaje[68]. Por ejemplo si esos mensajes instantáneos se transmitieran a través de pequeños agujeros de gusano anclados al campo gravitatorio de cada galaxia o cúmulo de galaxias, o a un sistema de referencia estático respecto al fondo cósmico de microondas (ver capítulo 39), de modo que esa radiación cómica de fondo fuera el sistema privilegiado, el sistema en reposo de referencia.

En el gráfico anterior, las señales instantáneas así definidas serían sólo horizontales y no inclinadas y no podría haber rupturas de causalidad.

13- EL EFECTO DOPPLER

Cuando una fuente de ondas se acerca o se aleja a un receptor, ocurre el llamado efecto Doppler. Cuando se acerca el emisor resulta que las ondas "se aprietan" aumentando la frecuencia de las ondas por delante de él y disminuyendo por detrás. Y cuando es el receptor es que se acerca al emisor tenemos que el receptor va alcanzando las ondas que se le acercan antes de lo previsto. En ambos casos el acercamiento provoca un aumento de la frecuencia percibida y el alejamiento una disminución.

Es interesante estudiar como afecta la relatividad especial a este fenómeno, pues no podemos olvidar que a altas velocidades el tiempo se enlentece en el objeto móvil respecto al sistema de referencia considerado en reposo.

Supongamos que una nave se aleja de la Tierra hacia otra estrella (en reposo relativo respecto a la Tierra) a velocidad relativa a la estrella "v".

La estrella emite radiaciones a una frecuencia "f_0", que son observadas desde la nave y los astronautas miden una frecuencia "f".

Por efecto Doppler galileano tenemos que la frecuencia observada por la nave será

$$f = f_0 (c+v)/c \qquad (2.48)$$

Pero no podemos olvidar la RE. Tenemos que hemos considerado a la estrella en reposo, y entonces debo aplicar la RE **desde el punto de vista de la estrella**, con lo que la nave se mueve y posee sus relojes más lentos en un factor $1/\gamma$, con $\gamma = \dfrac{1}{\sqrt{1-\dfrac{v^2}{c^2}}}$.

Así que la verdadera frecuencia que percibiría la nave al observar a la estrella sería mayor, pues recibirá más fotones por segundo propio, y sería

$$f = \gamma f_0 (c+v)/c$$

esta es la expresión típica del efecto Doppler relativista que se puede simplificar a (lo dejo como ejercicio matemático).

$$f = f_o \sqrt{\frac{1+\frac{v}{c}}{1-\frac{v}{c}}} \quad\quad (2.49)$$

(Cambiemos v por -v si nos alejamos de la fuente de luz)

Si ahora consideramos el problema **desde el punto de vista de la nave**, considerándola inercial y suponiendo que ahora es la estrella la que se mueve hacia la nave, tenemos que el efecto Doppler clásico es diferente

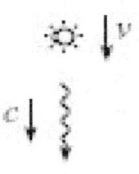

$$f = f_o \, c/(c-v) \quad\quad (2.50)$$

Si comparamos los efectos Doppler clásicos parece que podríamos determinar "quién se mueve". Podríamos determinar el "movimiento absoluto". Pero estamos tratando de verlo desde un punto de vista relativista y no hemos terminado de completar la fórmula. Debemos tener en cuenta que, desde el punto de vista de la nave y suponiendo que la nave está en reposo, es la estrella la que se mueve y acerca a una velocidad "v". Con lo que ahora es la estrella la que tiene su tiempo enlentecido en el mismo factor de antes y la nave no.

Así resulta que la frecuencia observada entonces debería ser menor que el Doppler esperado, pues la estrella emitirá menos fotones por segundo, siendo entonces

$$f = f_o/\gamma \; (c/(c-v))$$

Esta expresión también se puede simplificar y resulta

$$f = f_o \sqrt{\frac{1+\frac{v}{c}}{1-\frac{v}{c}}}$$

¡La misma expresión (2.49) típica del efecto Doppler relativista que antes!

Desde ambos puntos de vista resulta que la medición por parte del observador será la misma, manifestándose así **el principio de relatividad** en todo su esplendor, pues por observación del efecto Doppler ningún observador podrá determinar si está más en reposo que otro.

Para terminar observemos en el siguiente gráfico la representación de los dos efectos Doppler clásicos y la del Doppler relativista, donde podemos observar claramente la diferencia entre los tres, y que en el verdaderamente correcto, el relativista, la relación f/f_o tiende a infinito a medida que la velocidad se acerca a la de la luz (v/c se acerca a 1). Además podemos ver que las fórmulas no relativistas solo son buenas aproximaciones a la real, la relativista, para velocidades bajas.

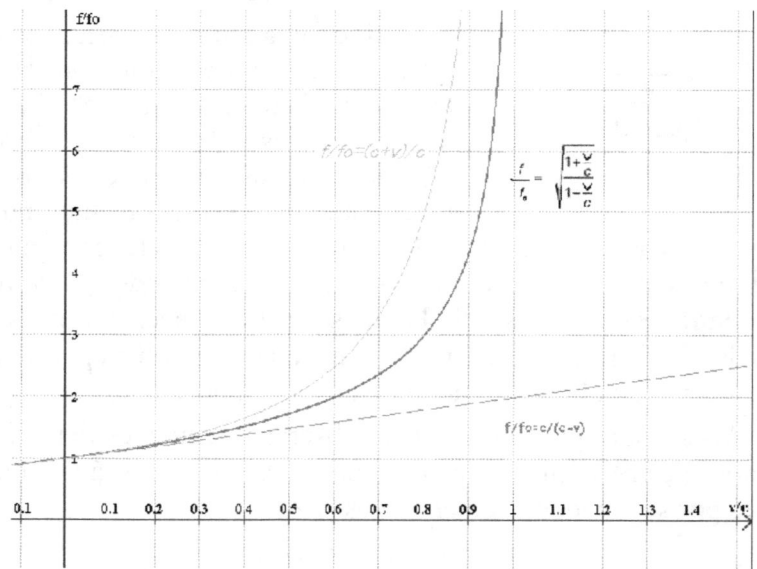

La corrección relativista al efecto Doppler es considerada una de las principales pruebas de la dilatación temporal predicha por la teoría de la relatividad. Ha sido medido y comprobado mediante experiencias. A continuación hablamos de dichas experiencias y ampliamos el estudio del efecto Doppler hablando del efecto Doppler oblicuo y del fenómeno de la aberración.

DOPPLER OBLICUO

Si en el caso en que la fuente se mueve, suponemos que lo hace a velocidad v con un ángulo θ' con la línea que une la fuente y el receptor, tendremos que la velocidad efectiva para el Doppler clásico será $v.\cos\theta'$. Entonces la frecuencia medida por el receptor sería en modo clásico $f = f_0 c/(c - v.\cos\theta')$ y siguiendo el mismo razonamiento que en el caso del Doppler longitudinal se obtiene por la dilatación temporal en la fuente y simplificando:

$$f = f_0 \frac{\sqrt{1 - \frac{v^2}{c^2}}}{1 - \frac{v}{c}\cos\theta'} \qquad (2.51)$$

Pero si es el receptor el que se mueve hacia la fuente con dicho ángulo, tenemos que por Doppler clásico

$$f = f_0 (c + v.\cos\theta)/c$$

Entonces aplicando la dilatación temporal en el receptor tenemos que

$$f = f_0 \frac{1 + \frac{v}{c}\cos\theta}{\sqrt{1 - \frac{v^2}{c^2}}} \qquad (2.52)$$

(esta expresión es exactamente la misma que Einstein nos presenta en su famoso artículo "*On the electrodinamics of moving bodies*"[3] para el caso de un observador que se mueve respecto a una fuente en supuesto reposo, pero él cambió v por -v al considerar que el observador se alejaba de la fuente)

En este estudio vemos, de momento, que ambas expresiones (2.51) y (2.52) no son equivalentes.

DOPPLER TRANSVERSAL

Si buscamos el caso más extremo en el que el ángulo es de 90°, tendremos que el $\cos\theta$ vale 0, y entonces la primera expresión se convierte en

$$f = f_0 \sqrt{1 - \frac{v^2}{c^2}} \qquad (2.53)$$

mientras que la segunda se convierte en

$$f = f_0 \frac{1}{\sqrt{1 - \frac{v^2}{c^2}}} \qquad (2.54).$$

Evidentemente en este caso los resultados son muy diferentes según usemos una fórmula o la otra. En el primero la frecuencia medida es menor, mientras en el segundo caso es mayor.

Pero naturalmente sólo una de las dos puede ser correcta. Aquí tenemos una posible paradoja, o un simple error de cálculo. Pero ¿cual es la respuesta?

LA ABERRACIÓN

La respuesta está en la **aberración**: los observadores fijos para cada sistema de referencia **diferirán en la medida del ángulo** de la dirección de propagación. (Como dice mi amigo José: eso es un efecto clásico: si la lluvia cae vertical y yo empiezo a correr, la lluvia caerá vertical sólo en el sistema "suelo"; en el sistema "yo corriendo" ya no caerá vertical: o inclino el paraguas o me mojo).

Para el caso en que el receptor está en reposo y el emisor se mueve resulta que la frecuencia observada por el receptor difiere si la pregunta planteada es

A) ¿Cual es la frecuencia que mide el receptor cuando "ve" que el emisor está en el punto más cercano de su trayectoria?

o es

B) ¿Cual es la frecuencia que mide el receptor cuando el emisor está en el punto más cercano de su trayectoria?

En el **caso A** el resultado es evidentemente la ecuación (2.53)

$$f = f_0 \sqrt{1 - \frac{v^2}{c^2}}$$

pues es el caso de un ángulo de 90° para una fuente que se mueve.

En el **caso B** la cosa cambia.

Aquí resulta que la emisión de los fotones se ha realizado unos instantes antes de que el emisor esté justo perpendicular al receptor. Desde el momento de la emisión de los fotones el emisor ha avanzado un espacio vt mientras que la luz avanza hacia el receptor un espacio ct con un ángulo θ. Así resulta que **cosθ** = vt/ct = **v/c**, que sustituido en la ecuación (2.51), (pues lo estamos analizando desde el punto de vista de un receptor en reposo) nos da la expresión:

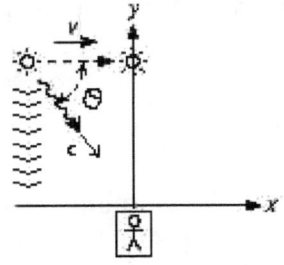

$$f = f_0\, \gamma^2/\gamma = f_0\, \gamma$$

o sea la ecuación (2.54):

$$f = f_0 \frac{1}{\sqrt{1 - \frac{v^2}{c^2}}}$$

El caso que hemos planteado en el que las ondas son perpendiculares desde el punto de vista del emisor es equivalente al caso en el que consideramos al emisor en reposo y al receptor en movimiento. Por esta razón tenemos que la ecuación es perfectamente correcta y NO HAY PARADOJA, ni contradicciones, ni error de cálculo: la frecuencia en el sistema donde el rayo es vertical (sea éste el "estacionario" o el "móvil") es menor que la medida en el otro sistema.

(Volviendo a la analogía de la lluvia: "lo que importa es el elemento que define la situación física (dónde el rayo es perpendicular) y no nuestra elección del sistema "estacionario". Yo no puedo saber si estoy corriendo sobre un suelo en reposo o si es el suelo el que corre y yo estoy en reposo")

No debemos olvidar que el ángulo θ es evaluado desde el marco de referencia del emisor, mientras que el mismo ángulo tiene normalmente un valor diferente respecto al sistema de referencia del receptor (θ'), y esto puede causar grandes confusiones. Einstein llegó a la fórmula (2.52) pero cambiando al sistema de coordenadas del receptor llegamos a la fórmula (2.51). La diferencia entre las dos versiones es debida a la aberración. La ecuación de la aberración relaciona ambos ángulos y es:

$$\cos \theta = \frac{v/c + \cos \theta'}{1 + v/c \cos \theta'} \qquad (2.55)$$

Si sustituimos esta expresión en la ecuación de Einstein (la (2.52)) y simplificamos se obtiene la ecuación (2.51), por lo tanto ambas fórmulas son equivalentes una vez tenida en cuenta la aberración, o lo que es lo mismo, que **el ángulo difiere según quien lo observe y mida.**

COMPROBANDO EL EFECTO DOPPLER RELATIVISTA

El efecto Doppler ha sido testado a velocidades suficientemente altas. Por ejemplo Ives y Stilwell en 1938. Lanzaron átomos de hidrógeno a velocidades (respecto al laboratorio) alrededor de 10^6 m/sec a través de un tubo. Los átomos de hidrógeno calientes emitieron luz en todas direcciones y un receptor estaba situado al otro extremo del tubo. La línea espectral observada estaba desplazada hacia el azul (más frecuencia) en una cantidad $df_{approach}$. También pusieron un espejo en el otro extremo, detrás de los átomos de hidrógeno, para que la luz que emiten "hacia atrás" fuera reflejada y observada también en el mismo receptor. Esta luz esta desplazada pero hacia el rojo en una cantidad df_{receed}.

La tabla siguiente es el resultado según su trabajo original de 1938 para cuatro velocidades diferentes

$$(10^5)\left(df_{approach} - df_{receed}\right)/f$$

v, 10^6 m/s	Classical	Relativistic	Experiment
0.865	1.67	0.835	0.762
1.01	2.26	1.13	1.1
1.15	2.90	1.45	1.42
1.33	3.94	1.97	1.9

(Brown [12] ../ rr/s2-04/2-04.htm)

14- FUERZAS EN RELATIVIDAD ESPECIAL

La **segunda Ley de Newton** en mecánica clásica se expresa matemáticamente en la conocida expresión F=m.a

Pero ahora la masa equivalente cambia, y los tiempos propios también, produciendo cambios interesantes en la expresión. Veamos como queda esta expresión en la relatividad especial.

Empecemos por el caso más simple, el de una **fuerza perpendicular** al movimiento de una partícula.

En este caso la velocidad del objeto no cambia significativamente y los efectos relativistas se reducen a tener en cuenta el aumento efectivo de masa del cuerpo.

Así, la segunda Ley de Newton queda ahora

$$\boxed{F = \gamma\, m_0\, a} \qquad (2.56)$$

siendo $\gamma = \dfrac{1}{\sqrt{1 - \dfrac{v^2}{c^2}}}$, y si despejamos la aceleración

$$a = \frac{F}{\gamma m_0} \qquad (2.57)$$

de modo que vemos que ahora la aceleración es directamente proporcional a la fuerza aplicada pero inversamente proporcional a una masa en reposo ampliada en el factor γ.

Para el **caso de fuerzas en la misma dirección** que el movimiento debemos partir de la definición de fuerza como derivada del momento respecto al tiempo, sustituyendo p por $\gamma m_0 v$ y derivando. Entonces tenemos

$$F = \frac{dp}{dt} = \frac{d(\gamma m_0 v)}{dt} = m_o \frac{d(\gamma v)}{dt} = m_o \frac{d\gamma}{dt} v + m_o \frac{dv}{dt} \gamma \qquad (2.58)$$

que se convierte en

$$F = m_o \frac{d\gamma}{dt} v + m_o a \gamma \qquad (2.59)$$

no vamos a realizar la derivada paso a paso, pero si se hace resulta

$$\boxed{F = \gamma^3 m_o a} \qquad (2.60)$$

donde podemos observar que ahora la aceleración es directamente proporcional a la fuerza aplicada pero inversamente proporcional a una masa en reposo ampliada en el factor γ^3.

Estas son las formas relativisticamente correctas de la segunda Ley de Newton, para el movimiento restringido en una dimensión, aunque los físicos rara vez usan un enfoque de fuerza al analizar el movimiento ya que un enfoque de impulso y energía casi siempre es más útil.

Vamos ahora a intentar hallar la expresión de la **fuerza F'** que percibiría un observador en movimiento en función de la

fuerza F perpendicular al movimiento de una partícula, observada por el observador en "reposo".

Empecemos por expresar la fuerza en función de la variación de cantidad de movimiento

$$F' = dp'/dt' \qquad (2.61)$$

como, por ser un invariante relativista dp, tenemos que dp'=dp, y además dt'=dt/γ (ecuación 1.7) y sustituyendo, queda

$$F' = \gamma dp/dt = F\gamma \qquad (2.62)$$

es decir

$$\boxed{F' = \frac{F}{\sqrt{1-\frac{v^2}{c^2}}}} \qquad (2.63)$$

Así, una fuerza aplicada a un objeto, perpendicularmente al movimiento de dicho objeto, se percibirá, desde el sistema de referencia de ese objeto, como ampliada en un factor relativista γ, debido al cambio de modo de transcurrir y percibir el tiempo en las partículas en movimiento, respecto a otro sistema inercial en supuesto reposo.

Esta es una interesante consecuencia de la Teoría de relatividad Especial de la que suele hablarse poco, pero que puede ser útil para algunos razonamientos.

SECCIÓN 3: PROFUNDIZANDO EN RELATIVIDAD GENERAL

15- PROFUNDIZANDO EN LA GRAVEDAD: La métrica de SCHWARZSCHILD

Es interesante remarcar aquí el trabajo de **Schwarzschild** fusionando la métrica de Minkowski a la **relatividad general** para el caso de un objeto masivo y sin rotación, con lo que obtuvo lo que es considerado la primera solución exacta a la ecuaciones de campo de la Relatividad general de Einstein.

Para poder profundizar en RG tendríamos que entrar en el estudio de las ecuaciones de campo de Einstein y el cálculo tensorial. Debido a su alto grado de complejidad, sólo se conocen soluciones exactas a las ecuaciones de Einstein en casos con alto grado de simetría como la solución de Schwarzschild. El cálculo tensorial supera a las pretensiones de este libro pero si alcanzamos a comprender un poco la **métrica de Schwarzschild** podemos alcanzar un mínimo de comprensión de la RG y sus modos de cálculo básicos. Así que trataremos de adentrarnos en esta métrica comparándola con la Minkowski.

Así, la primera solución exacta para las ecuaciones de Einstein de la RG la obtuvo Schwarzschild poco después de que Einstein publicara su trabajo sobre relatividad general en 1915. Schwarzschild obtuvo para ds una expresión similar a la métrica de Minkowski pero incluyendo efectos gravitatorios y expresado en coordenadas polares, para el caso de un astro esféricamente simétrico sin rotación y sin carga.

$$ds^2 = -\left(1-\frac{2GM}{c^2 r}\right)(cdt)^2 + \left(1-\frac{2GM}{c^2 r}\right)^{-1} dr^2 + r^2\left(d\theta^2 + sen^2\theta d\phi^2\right) \quad (3.1)$$

)

siendo M la masa del astro esférico, y **r**, **ϕ** y **θ** las coordenadas polares esféricas.

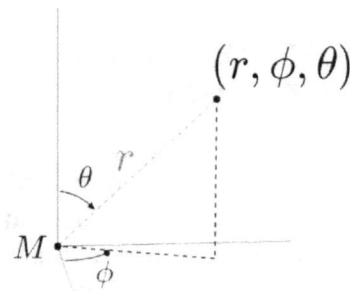

Se observa por ejemplo que para $r=r_s=2GM/c^2$ la coordenada temporal se multiplica por cero y la radial por infinito. Este radio, r_s, es el llamado **radio de Schwarzschild**, correspondiente al horizonte de sucesos de un agujero negro.

Esto es lo que habitualmente se llama métrica de Schwarzschild y que se usa con asiduidad para hacer cálculos referentes a relatividad general.

> Existe una aproximación semi-Newtoniana, válida sólo para campos gravitatorios no muy grandes, donde la métrica toma la forma:
> $ds^2 = -(1-2V) dt^2 + (1+2V) (dx^2+dy^2+dz^2)$
> donde V es el potencial gravitatorio newtoniano $V=GM/c^2r$

Si sustituimos ds por icdt' y luego cambiamos todo de signo y sustituimos $2GM/c^2$ por r_s, tenemos

$$(c\,dt')^2 = \left(1-\frac{r_s}{r}\right)(c\,dt)^2 - \left(1-\frac{r_s}{r}\right)^{-1}(dr)^2 - r^2((d\theta)^2 + sen^2\theta(d\Phi)^2)$$

dividimos ambos lados de la ecuación entre c^2 y cambiamos dt' por dτ, y queda

$$(d\tau)^2=\left(1-\frac{r_s}{r}\right)(dt)^2-\left(1-\frac{r_s}{r}\right)^{-1}\left(\frac{dr}{c}\right)^2-\left(\frac{r}{c}\right)^2((d\theta)^2+sen^2\theta(d\Phi)^2)$$
(3.2)

Así, por ejemplo, para un cuerpo en el polo norte de un astro tendremos que dr = 0, dθ =0, dϕ = 0 y entonces

$$dt'=d\tau=dt\sqrt{1-\frac{2GM}{c^2r}} \qquad (3.3)$$

que es la expresión que nos relaciona el tiempo transcurrido en dicho polo norte (tiempo propio dt') en comparación con el tiempo transcurrido en un punto muy alejado del campo gravitatorio dt, y que coincide con la expresión (1.11) que ya habíamos visto informalmente por el principio de equivalencia en el apartado inicial sobre relatividad general, capítulo 3.

Esta fórmula nos da el ritmo del tiempo en un punto estático del campo gravitatorio, y será será menor en un punto cercano al astro que en uno lejano del centro de masas y que no sufra prácticamente sus efectos gravitatorios. Así, por ejemplo, los relojes en los satélites funcionan algo más rápido que en la superficie terrestre.

Vamos ahora a simplificar (3.2) para el caso de un cuerpo que vuela alrededor del astro en círculo. Para simplificar supondremos que está alrededor del ecuador (el resultado ha de ser el mismo) y entonces dr=0, θ=π/2 rad y dθ = 0 quedando

$$(d\tau)^2=\left(1-\frac{r_s}{r}\right)(dt)^2-\left(\frac{r}{c}\right)^2(d\Phi)^2 \qquad (3.4)$$

rdϕ es el diferencial de arco, que llamaremos dl, y dτ es el tiempo propio del objeto, así que podemos simplificar a

$(d\tau)^2 = (1-r_s/r)(dt)^2 - (dl/c)^2$ (3.5)

Ahora comparemos esta expresión con la simplificación de la métrica de Minkowski transformada para resultar de modo similar. Empecemos por la métrica de Minkowski (2.34)

$$(ds)^2 = (dx)^2+(dy)^2+(dz)^2+(dw)^2$$

simplificamos poniendo dl como diferencial de espacio "normal", y icdt como dw

$$(ds)^2 = (dl)^2 - (cdt)^2$$

con ds en tiempo propio ds= cdt'i

$$(cdt'i)^2 = (dl)^2 - (cdt)^2$$

y cambiando todo de signo y dividiendo entre c^2

$$\mathbf{(dt')^2 = (dl/c)^2 - (dt/c)^2} \quad (3.6)$$

Al comparar las dos expresiones, la (3.5) de la relatividad general con (3.6) de la relatividad especial, podemos ver la similitud y observar que la de **Relatividad General contiene a la de la Relatividad Especial**, pues (3.6) es (3.5) para masa cero, m=0.

Si ahora volvemos a mirar (3.1) podremos ver la similitud de esta ecuación con la métrica de Minkowski y ver que, con estas comparaciones realizadas, la RG es la RE pero con dt multiplicado por un factor reductor de la RG, (1-2m/r), y dr dividido entre ese mismo factor, que son las mismas reducciones temporales y dilataciones espaciales radiales que dedujimos mediante el principio de equivalencia en el capítulo 3.

16- FRENANDO A LA LUZ

Ya planteé en el capítulo 3, sobre **relatividad general,** que en las cercanías de un astro la velocidad de la luz debe disminuir por el enlentecimiento del transcurrir del tiempo que provocan los campos gravitatorios. Como dije, esto ha sido comprobado midiendo el tiempo transcurrido desde que se envía una señal a una sonda espacial hasta que se recibe la respuesta. Si la sonda está en conjunción superior con el Sol, las señales pasarán rozando el Sol para ir de la Tierra a la sonda y viceversa, viajando algo más lentas en las cercanías del Sol y produciéndose un retraso respecto a lo previsto. Se ha comprobado con las naves Mariner 6 y 7 y con un retraso estimado de 200 μs se ha cumplido dentro de un error del 3 %. Igualmente la sonda Viking realizó un experimento[22] similar con igual éxito. Esto forma parte del "**Efecto Shapiro**", esta señal se retrasará en llegar a nosotros por dos motivos: un mayor recorrido al trazar una curva y un freno en su velocidad al pasar cerca de una gran masa. Irwin Saphiro[26] predijo este efecto en 1964.

Pero a pesar de las pruebas es difícil de aceptar para muchos ese "frenazo" de la luz, pues ¿no era c constante?

Vamos a ver ahora que usando la métrica de Schwarzschild también llegamos a la misma conclusión de enlentecimiento de la velocidad de la luz en un campo gravitatorio.

Para simplificar supongamos un rayo de **luz que viajara en círculos alrededor del ecuador de un astro**. En este caso dr=0 pues el radio es constante en un diferencial de tiempo, θ =π/2 pues la trayectoria es en la latitud del ecuador, y dθ=0 pues θ (la latitud) es constante.

Así, usando la ec. de la métrica de Schwarzschild (3.2) se convierte en

$$(d\tau)^2 = (1-r_s/r)(dt)^2 - (r/c)^2(d\phi)^2$$

y como se trata de un rayo de luz, viaja a la velocidad de la luz y por lo tanto por la relatividad especial no debería transcurrir el tiempo en tiempo propio de la luz, y así dτ=0, lo que implica que

$$(r/c)^2(d\phi)^2 = (1-r_s/r)(dt)^2$$

y dividiendo por $(dt)^2$

$$(r/c)^2(d\phi)^2/(dt)^2 = 1-r_s/r$$

y como la velocidad de la luz en esta situación tangencial al campo es $c_t=r\omega= r(d\phi/dt)$, sustituyendo y despejando queda

$$c_t^2 = c^2(1-r_s/r) \qquad (3.7)$$

Y como $r_s=2GM/c^2$, y llamando c_0 a la velocidad de la luz en vacío y lejos de un campo gravitatorio, cambiando c por c_0 tendremos

$$c_t = c_o \sqrt{1 - \frac{2GM}{c^2 r}} \qquad (3.8)$$

que es justo el resultado que obtendríamos si simplemente consideramos que al "frenarse" el transcurso del tiempo, **por el campo gravitatorio, se frena** la velocidad de la luz. De tal forma que si un rayo de luz pasase **rozando al horizonte de sucesos** de un agujero negro ($r=2GM/c^2$) dicho rayo de luz en ese punto **tendría velocidad cero** (en la sección sobre agujeros negros profundizaremos en el concepto de horizonte de sucesos).

Por otro lado vamos a calcular igualmente la velocidad de la luz para un **rayo que se moviera radialmente** respecto al astro.

En este caso tendremos que $d\phi=0$ y $d\theta=0$ y recordemos que $d\tau=0$ al ser un rayo de luz y viajar a velocidad c. Entonces la métrica de Schwarzschild se convierte en

$$0 = (1-r_s/r)(dt)^2 - (1-r_s/r)^{-1}(dr)^2$$

que pasando un sumando a la izquierda del igual es

$$(1-r_s/r)^{-1}(dr)^2 = (1-r_s/r)(dt)^2$$

dividiendo ambos miembros entre $(dt)^2$ y despejando resulta

$$(dr/dt)^2 = (1-r_s/r)^2$$

y como en este caso la velocidad de la luz radialmente es $dr/dt = c_r$ tenemos que en fracción de c

$$c_r^2 = (1 - r_s/r)^2 \qquad (3.9)$$

y entonces como $r_s=2GM/c^2$

$$c_r = c_o \left(1 - \frac{2GM}{c^2 r}\right) \qquad (3.10)$$

con lo que deducimos que un rayo de luz que salga o caiga radialmente a un astro masivo verá disminuida su velocidad en el mismo factor que un rayo tangencial pero elevado al cuadrado.

De una forma u otra tenemos que la presencia de masa provoca que la luz viaje más despacio hasta incluso detenerse si se acerca al llamado radio de Schwarzschild ($r_s=2GM/c^2$).

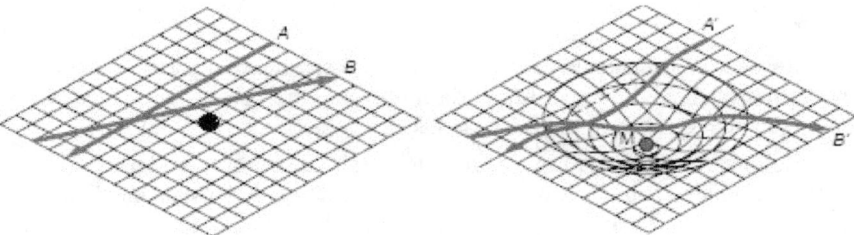

En los dibujos típicos para explicar la gravedad con la analogía de la superficie de goma, aparentemente no apreciamos deformación alguna del espacio-tiempo, sólo del espacio, pero la realidad es que la masa de un astro deforma el espaciotiempo de modo que la luz tarda más en hacer su recorrido.

Para un observador cerca de M que ve pasar el rayo de luz, no se aprecia freno alguno en la velocidad de la luz, pues localmente, en tiempo propio y espacio propio, la velocidad de la luz no varía, pero para un observador externo la luz tarda más en hacer su recorrido, pero no únicamente por **deformación espacial**, sino también por "**deformación temporal**" que hemos calculado: el tiempo transcurre más lento en las cercanías del astro.

Estas fórmulas ya son por sí mismas sorprendentes, pero además no podemos evitar asociar que, igual que la luz disminuye su velocidad en un campo gravitatorio, cualquier cosa que caiga hacia una gran masa también se debe ver afectada y ver disminuida su velocidad de caída. Al fin y al cabo nada puede superar la velocidad de la luz y en estos casos la velocidad de la luz tiende a cero, así que la velocidad de caída también tenderá a cero. En el capítulo 23 profundizamos en ello.

Un lector nos comenta en un foro de relatividad sobre sus dudas y confusiones respecto a este posible enlentecimiento de la luz en las cercanías de una gran masa, pues ¿No era la velocidad de la luz constante siempre? ¿No va esto en contra de la relatividad en si misma?

He aquí la respuesta, que creo que puede ayudar a muchos a aclarar ideas:

Respecto a los cálculos de arriba, son demostraciones a partir de la métrica de Schwarzschild que confirman la intuición. Otra cosa es si es medible o no directamente dicha velocidad de la luz en la práctica.

Lo que se calcula es la velocidad de la luz que un observador externo al campo gravitatorio mediría si pudiera ver la luz de modo "instantáneo". Si pudiera percibirla en su avance por el espacio por algún medio. Eso es imposible, y no se puede percibir igual que tampoco podemos hacerlo en nuestras cercanías (sólo medimos velocidades medias de ida y vuelta por reflexión en un espejo). Es un concepto teórico calculable y no observable directamente, pero con consecuencias como la mayor tardanza de una señal enviada por un satélite que esté al otro lado del sol en línea visual con el borde del Sol y nosotros.

De todos modos es lógico. El tiempo se enlentece por causa de una gran masa, en comparación con el tiempo transcurrido lejos de dicha gravedad. Si en la superficie de la Tierra medimos la velocidad de un rayo de luz tendremos que es la prevista: 300000 km/s. Pero el tiempo transcurre más lento que lejos del campo gravitatorio. ¿Por qué no medimos una velocidad diferente entonces? La respuesta es que "en realidad" la luz viaja más lenta en la superficie de la Tierra pero esto queda compensado por nuestro enlentecimiento temporal dando como resultado la misma velocidad.

Este "en realidad" lo he puesto entre comillas porque lo que tenía que haber puesto es "en comparación con la velocidad de la luz lejos del campo gravitatorio", pues eso de "la realidad" puede llevar a confusiones, pues ¿Qué es la realidad?

Por otro lado indico una velocidad diferente de la luz tangencialmente al campo que transversalmente al campo. Esto se puede explicar alternativamente porque la métrica de Schwarzschild predice también una contracción de longitudes en dirección al centro del campo gravitatorio. Así tenemos que las distancias se encogen dimensionalmente en esa dirección, aunque el observador en dicho campo no lo nota. Así que la velocidad "real o vista desde fuera" debe encoger más aún para que el que mide dicha velocidad en la superficie de la Tierra (por ejemplo) siga midiendo 300000 km/s.

En el caso de un rayo de luz que se acerca al Sol rozándolo y luego se aleja, sufre ambos efectos a lo largo de su trayectoria y mediante cálculo diferencial se puede calcular el retraso de la señal, que coincide con la experiencia.

Y para el que está dentro del campo gravitatorio, la velocidad de la luz lejos de dicho campo es mayor, pero esto no está en contra de la relatividad, pues dicha persona sabe que está dentro de un campo gravitatorio y que él tiene su luz enlentecida, igual que sabemos que el tiempo transcurre más aprisa en los satélites GPS que en la superficie de la Tierra y por ellos son reajustados constantemente sus relojes.

17- TIEMPO PROPIO EN ÓRBITAS CIRCULARES, y tercera Ley de Kepler

Algunos suelen derivar el tiempo propio (o tiempo local) en órbitas circulares dividiendo el problema en componentes separados, uno respecto a la relatividad especial, y otro respecto el efecto gravitacional. Sin embargo, la teoría general incluye a la teoría especial y así el cálculo es más exacto.

Volveremos a usar la métrica de Schwarzschild para un cuerpo esférico sin rotación, ecuación (3.2)

$$(d\tau)^2 = \left(1 - \frac{r_s}{r}\right)(dt)^2 - \left(1 - \frac{r_s}{r}\right)^{-1}\left(\frac{dr}{c}\right)^2 - \left(\frac{r}{c}\right)^2((d\theta)^2 + sen^2\theta(d\Phi)^2)$$

donde ϕ = longitud y θ = latitud (por ejemplo θ = 0 en el Polo Norte y $\theta = \pi/2$ rad en el ecuador).

Para el caso de situamos en la superficie del astro **en el Polo Norte**, tenemos que dr = dθ = dϕ = 0, así que tendríamos

$$(d\tau)^2 = (dt)^2\left(1 - \frac{r_s}{r}\right) \qquad (3.11)$$

Pero **en una órbita ecuatorial** de radio r tenemos que dr=dθ=0 y $\theta = \pi/2$, con lo que $\sin^2(\theta) = 1$, y así que tenemos, como la ya obtenida un par de capítulos atrás, ecuación (3.4)

$$(d\tau)^2 = \left(1 - \frac{r_s}{r}\right)(dt)^2 - \left(\frac{r}{c}\right)^2(d\Phi)^2$$

y como la velocidad tangencial es v= r dϕ/dt, entonces

$$(d\tau)^2 = (dt)^2\left(1 - \frac{r_s}{r} - \frac{v^2}{c^2}\right) \qquad (3.12)$$

Esta expresión engloba el efecto gravitatorio (1-r_s/r) y la relatividad especial (v^2/c^2). Como podemos ver, para valores de r muy grandes o si M vale cero, la expresión deriva a la de la relatividad especial, y para el caso de v=0 se convierte en la del tiempo para un objeto estático, como en los polos del astro.

En este punto si tomamos $v^2 = (\omega r)^2$, y como la tercera ley de Kepler en mecánica newtoniana nos indica que $v^2 = (\omega r)^2 = \dfrac{GM}{r}$

(3.12) se convierte en

$$(d\tau)^2 = (dt)^2\left(1 - \frac{r_s}{r} - \frac{GM}{rc^2}\right) = (dt)^2\left(1 - \frac{r_s}{r} - \frac{r_s}{2r}\right) \quad (3.13)$$

y simplificando

$$(d\tau)^2 = (dt)^2\left(1 - \frac{3r_s}{2r}\right) \quad (3.14)$$

Esta será la expresión que relaciona tiempo propio y tiempo estándar para un objeto en órbita circular.

Aquí se puede observar una consecuencia muy curiosa, y es que para $r < 3r_s/2$ los tiempos propios serían imaginarios y el tiempo se detendría para este objeto antes de llegar al horizonte de sucesos, pero hemos de tener en cuenta que hemos usado la mecánica newtoniana para sustituir v^2. Teniendo esto en cuenta debemos pensar que la expresión (3.14) es sólo una aproximación no válida para r bajas y no hemos tenido en cuenta un detalle sobre las velocidades en estas situaciones.

Debemos plantearnos otra posibilidad.

Ya sabemos que la velocidad de la luz en trayectoria tangencial se frena (como vimos en el apartado anterior) según la expresión (3.8) (tomando como medida de velocidad la de la luz)

$$c_t = c_o\sqrt{1 - \frac{r_s}{r}}$$

que es exactamente en la misma proporción en la que se "frena" el transcurrir del tiempo, y además hemos usado la mecánica newtoniana, $v^2=GM/r$ para sustituir en nuestras ecuaciones. Pero ¿es válida esta ley para zonas en las que el campo gravitatorio es muy intenso (como en las cercanías de un agujero negro)?

Debemos considerar que, igual que la luz se frena **al pasar cerca de una gran masa, todo objeto se frenará** igualmente en la misma proporción siendo su velocidad menor. De tal forma que incluso se detenga al llegar al radio de Schwarzschild, igual que le pasa a la luz. Si no fuera así podría pasar que la velocidad v (que es observada desde un sistema de referencia lejos de la masa) superara a la de la velocidad de la luz en ese punto (también vista desde un observador lejano).

Así la velocidad "real" V podría sustituirse, suponiendo que sea correcto que toda velocidad se verá afectada en la misma medida que la luz, usándola en lugar de la velocidad clásica, y por lo tanto multiplicada por $\sqrt{1-\dfrac{r_s}{r}}$

$$V = v\sqrt{1-\dfrac{r_s}{r}}$$

y entonces **la tercera ley de Kepler en mecánica newtoniana cambia,** y ya no tenemos $v^2=GM/r$ sino, según esta modificación

$$V^2 = \dfrac{GM}{r}\left(1-\dfrac{r_s}{r}\right) = \dfrac{r_s c^2}{2r}\left(1-\dfrac{r_s}{r}\right) = \dfrac{r_s c^2}{2r} - \dfrac{r_s^2 c^2}{2r^2}$$

(aquí, podríamos despejar v y tener la expresión de la **velocidad orbital** de una partícula relativista)

De este modo para $r = r_s$ tenemos que $V = 0$, justo como cabría de esperar que ocurriera por el efecto detención temporal en el horizonte de sucesos.

Así, sustituyendo V^2 en (3.12) obtenemos

$$(d\tau)^2 = (dt)^2\left(1 - \dfrac{r_s}{r} - \dfrac{r_s}{2r} + \left(\dfrac{r_s^2}{2r^2}\right)\right)$$

y simplificando

$$(d\tau)^2 = (dt)^2\left(1 - \frac{3r_s}{2r} + \frac{r_s^2}{2r^2}\right) \qquad (3.15)$$

Esta sería la **expresión más precisa que la (3.14) que relacione tiempo propio y tiempo estándar para un objeto en órbita circular en función de r considerando una velocidad orbital que se reduce con la gravedad por efectos relativistas.**

El último sumando de la fórmula es despreciable frente al segundo para distancias lejanas a r_s pero para r_s, el horizonte de sucesos, tenemos que

$$(d\tau)^2 = (dt)^2[1 - 3/2 + ½] = (dt)^2 0 = 0$$

y no tiempos imaginarios, lo cual es más lógico y apoya el planteamiento que hemos realizado de cara a la obtención de la expresión (3.15).

> Por ejemplo para el caso de la estación espacial internacional tenemos que $r_s/r = 1{,}336 \cdot 10^{-11}$ y entonces el tiempo propio es dt por 0,999999998997999999994422 en vez de dt por 0,999999998997999999949799 (según (3.14)) cuya diferencia es del orden de $4 \cdot 10^{-19}$ que nos da una diferencia de $1{.}4 \cdot 10^{-11}$ segundos al año, que no es importante, aunque medible con relojes de la precisión adecuada. Esta podría ser una experiencia para comprobar la diferencia entre (3.14) y (3.15).

Pero si trata de las cercanías de un agujero negro esta diferencia aumenta significativamente y tal vez lleve a consecuencias interesantes sobre la naturaleza de éstos. Una posible consecuencia de considerar esta detención de los movimientos en el horizonte de sucesos puede llevar a plantearnos la existencia de agujeros negros no puntuales, como comento en la sección sobre agujeros negros.

18- CONTRACCIÓN DE LONGITUDES EN LA RELATIVIDAD GENERAL

En un campo gravitatorio intenso las longitudes se contraen, igual que lo hacían en un cuerpo en movimiento según la relatividad especial.

Voy a tratar de demostrar y calcular en la relatividad general esta contracción pero en vez de hacerlo de un modo directo, a partir de la métrica de Schwarzschild, lo haré indirectamente a partir de las fórmulas del enlentecimiento de la luz al pasar por un campo gravitatorio que comenté en un apartado anterior y que obtuvimos a partir de la métrica de Schwarzschild.

Partiremos de las ecuaciones de la velocidad de la luz en un campo gravitatorio que plantee en capítulo 16, "frenando la luz" para la velocidad de la luz tangencialmente al campo gravitatorio (3.8)

$$c_t = c_0 \sqrt{1 - \frac{2GM}{r}}$$

y normalmente (o radialmente) al campo gravitatorio (3.10)

$$c_r = c_0(1 - 2GM/c^2 r)$$

Llamemos $\S$ al factor $\sqrt{1 - \frac{2GM}{r}}$ para operar con mayor facilidad. Así tenemos

$$c_t = c_0 . \S \qquad y \qquad c_r = c_0 . \S^2$$

Además usaremos la fórmula (3.3) del enlentecimiento temporal de un cuerpo en reposo en un campo gravitatorio tipo Schwarzschild ya vista en un apartado anterior, que usando la nomenclatura indicada queda en

$$dt' = dt . \S$$

Dividiremos el problema en dos partes. Primero el caso de una regla colocada verticalmente, o sea apuntando hacia el centro de gravedad del astro masivo, y segundo el caso de una regla situada tangencialmente al campo gravitatorio.

CASO 1: REGLA VERTICAL

Veamos que pasaría con una **regla situada verticalmente**, y un rayo de luz desplazándose a lo largo de dicha regla que mide "*dr*" para un observador **externo** (situado lejos del centro de masas) y "*dr'* " para un observador **interno** (situado justo en la posición de la regla y estático respecto a ella), durante un tiempo *dt* según el observador externo y *dt'* según el observador interno, junto a la regla.

Para el observador interno, como la velocidad de la luz no habrá cambiado para él, pues para todo observador la velocidad de la luz sigue siendo c_0 en sus alrededores sea cual sea su estado, la longitud recorrida por la luz al o largo de la regla será

$$dr' = c_0 \cdot dt'$$

sustituyendo dt' por dt . § obtenemos

$$dr' = c_0 \cdot dt \cdot \S \qquad (A)$$

pero para el observador externo, dado que el campo gravitatorio afecta a la velocidad de la luz, tenemos que la longitud recorrida por la luz es

$$de = c_r \, dt$$

que sustituyendo c_r por $c_0 \cdot \S^2$ se convierte en

$$dr = c_0 \cdot \S^2 \cdot dt \qquad (B)$$

Si ahora dividimos las expresiones (A) y (B) de este apartado y simplificamos se obtiene

$$dr/dr' = \S$$

o sea

$$dr = dr' \cdot \S$$

que se puede expresar como

$$dr = dr' \sqrt{1 - \frac{2GM}{r}} \qquad (3.16)$$

De esta expresión **se deduce que,** mientras un observador interno al campo no aprecia ningún cambio, **todo cuerpo situado en un campo gravitatorio se "encoge" desde el punto de vista de un observador externo, en dirección radial hacia el centro del campo,** ya que dr es menor que dr'.

CASO 2: REGLA EN POSICIÓN TANGENCIAL

Veamos ahora que ocurrirá si la regla (de longitud ***de*** para un observador externo y ***de'*** para un observador interno) está en posición "**horizontal**", o sea **tangencial al campo gravitatorio**, e igualmente con un rayo de luz recorriéndola a lo largo en un tiempo dt para un observador externo y dt' para uno interno.

Igualmente

$$de' = c_0 \cdot dt' = c_0 \cdot dt \cdot \S$$

pero ahora debemos fijarnos en que para el observador externo la ecuación de la velocidad de la luz tangencialmente al campo gravitatorio cambia y es $c_t = c_0 \cdot \S$.

Entonces

$$de = c_t \, dt = c_0 \cdot \S \cdot dt$$

con lo que observamos que

$$\mathbf{de = de'} \qquad (3.17)$$

Por lo tanto concluimos que no se produce ningún encogimiento en dirección tangencial al campo gravitatorio. Sólo se produce el encogimiento o acortamiento en dirección radial al punto central del campo.

(De todos modos, a partir de la métrica de Schwarzschild se llega igual a las mismas conclusiones).

19- ONDAS GRAVITACIONALES.

Se dice que las ondas gravitacionales son una consecuencia de la teoría de la relatividad, pero es difícil encontrar textos en los que se argumente el por qué de esta relación, salvo porque surgen del estudio de las ecuaciones de campo de Einstein. Vamos a tratar de aplicar un poco la lógica y algunos conocimientos de relatividad en esta cuestión.

La cuestión clave es la siguiente pregunta ¿Se podría transmitir el efecto de la gravedad a mayor velocidad que la luz?

Supongamos por un momento que esto fuera posible. Para simplificar supongamos que la gravedad afecta de modo instantáneo, o sea a velocidad infinita. Esto tiene una consecuencia muy importante, que es que se podría crear un experimento de transmisión de información de modo instantáneo por medio de cambios instantáneos de efectos gravitatorios. Esto nos podría llevar a situaciones de ruptura de causalidad, como vimos en el capítulo 12, sobre simultaneidad, o en el caso de que esa comunicación instantánea se realizara en un sistema exclusivo de referencia, como podría ser el marco del campo gravitatorio galáctico, tiraría por tierra la relatividad de la simultaneidad y llevaría a poder definir una simultaneidad "objetiva", que nos llevaría a pensar que ese marco de referencia exclusivo, es el "espacio absoluto de referencia". La teoría de la relatividad ya no sería válida desde el punto de vista de afirmar que todos los sistemas de referencia inerciales son equivalentes y que no se puede diferenciar entre ellos de ningún modo. Podríamos determinar la existencia de un sistema de referencia privilegiado.

Pero si el principio de relatividad es válido... entonces por reducción al absurdo debemos pensar que el efecto gravitatorio no se puede transmitir a más velocidad que la de la luz. Es más, **ningún efecto ni nada se puede transmitir a mayor velocidad que la de la luz**.

Así tenemos que los efectos gravitatorios se transmiten a una velocidad finita que no supera a la luz, y probablemente se transmita a una velocidad igual a la de la luz.

Así, un brusco cambio de masas o un movimiento de grandes masas provocará un cambio gravitatorio en un punto que se transmitirá por el espacio a la velocidad de la luz. Surgen así las **ondas gravitatorias**. A finales de 1916 Einstein demuestra que las ecuaciones de campo admiten también soluciones en forma de ondas. Son las ondas gravitatorias.

Por ejemplo si dos estrellas giran sobre si mismas a gran velocidad y a una distancia no muy lejana de nuestro sistema solar, los ligerísimos cambios en el campo gravitatorio que percibimos en nuestro sistema solar se deberían percibir con un tiempo de diferencia, por ejemplo, en la Tierra que en Júpiter, e incluso con unos instantes de diferencia entre un punto y otro del planeta, y se podría crear un experimento que las detectara.

Por medio de satélites artificiales se ha podido detectar pequeños cambios en la distancia entre dicho satélite y la Tierra que pueden ser atribuidas a ondas gravitatorias, pero todavía tendremos que esperar para tener resultados verdaderamente concluyentes por medio de experimentos de este tipo.

En 1974 fue detectado un pulsar doble[24] cuya observación proporcionó datos interesantes para la relatividad. Su periastro avanza más de cuatro grados por año, y además la órbita de las estrellas va encogiendo en espiral y su periodo disminuye. Esto demuestra una pérdida de energía que se atribuye a ondas gravitacionales intensas. Esta fue la primera prueba indirecta de las ondas, que llevó en 1993 al Premio Nobel de Física.

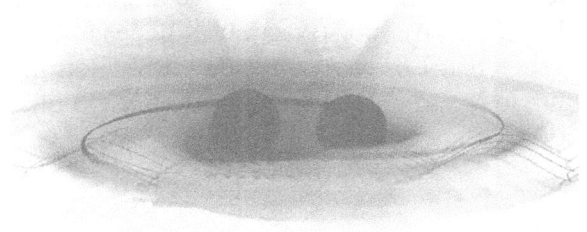

Se han construido o van a construir varios detectores de ondas gravitatorias: LIGO, VIRGO, GEO 600, TAMA 300, Nautilus, Auriga, LISA...

LIGO es un detector terrestre por interferometría de ondas gravitatorias ya en funcionamiento y detectando ondas gravitatorias procedentes de agujeros negros y otros objetos estelares densos binarios colapsando junto con el programa VIRGO [23]

El sistema LISA (Laser Interferometer Space Antenna), un proyecto conjunto de la Agencia Espacial Europea y la NASA, está basado en un sistema de láseres e interferómetros lanzados al espacio formando un triángulo que debe oscilar junto a las ondas gravitatorias y producir patrones de interferencias detectables. Será lanzado al espacio en 2037 según las previsiones.

20- LOS GPS Y LA RELATIVIDAD

Los satélites GPS (Global Positioning System) son unos satélites que giran alrededor de la Tierra y emitiendo señales a nuestros receptores GPS permiten a estos una localización muy exacta de nuestra situación sobre la superficie de la Tierra al resolver unas ecuaciones a partir de los datos de 4 satélites.

Estos 24 satélites siguen unas órbitas que los llevan a dar una vuelta a la Tierra cada 12 horas, a una altitud de unos 20000 km de la superficie de la Tierra y una velocidad orbital de unos 3.87 km/s (unos 14000 km/h). No son satélites geoestacionarios, como popularmente se cree. Los receptores de GPS determinan su posición triangulando a partir de las señales de tiempo que reciben de varios satélites.

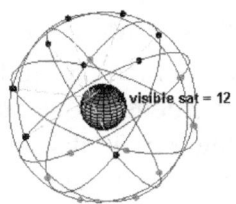

Fuente:http://upload.wikimedia.org/wikipedia/commons/9/9c/ConstellationGPS.gif

Para este correcto posicionamiento es indispensable una sincronización correcta de los relojes de estos satélites con los relojes de la superficie terrestre. Estos satélites disponen de relojes atómicos muy precisos y que en principio no atrasan ni adelantan perceptiblemente, pero la relatividad les juega una mala pasada.

Por culpa de estos efectos que predice la teoría de Einstein resulta que los relojes de los satélites adelantan respecto a los que están en tierra.

Después de lanzar el primer satélite en 1977 y 20 órbitas se observó que el reloj del satélite era 442.5 partes de 10^{12} más rápido que otro idéntico de la superficie terrestre, que llevan a 38000 nanosegundos por día de adelanto. Este es el adelanto que sufren los relojes en órbita (o el retraso que sufren los relojes en la superficie terrestre) y debe ser corregido en los satélites para un correcto posicionamiento.

Veamos si este retraso coincide con lo predicho por la relatividad.

Para hacer los cálculos habitualmente se usa como aproximación aceptable por separado la dilatación temporal por la velocidad y la producida por la gravedad, pero para conseguir una precisión mayor debemos usar la métrica de Schwarzschild.

De esta métrica obtuvimos la fórmula (3.12), que será una buena aproximación para estos cálculos que vamos a hacer.

$$(d\tau)^2 = (dt)^2 \left(1 - \frac{r_s}{r} - \frac{v^2}{c^2}\right)$$

y como como $r_s = 2GM/c^2$

$$(d\tau)^2 = (dt)^2[1 - 2GM/rc^2 - v^2/c^2] \quad (3.18)$$

Este tiempo dt', será el tiempo propio transcurrido en un punto determinado del espacio mientras que dt será el tiempo equivalente transcurrido en un lugar muy alejado de las masas de modo que no se ve afectado por la gravedad, y además en reposo respecto a esa masa gravitatoria (la Tierra en este caso).

Además tenemos que

G = conste de gravitación universal
M = masa de la Tierra
r = distancia desde el punto a analizar al centro de la Tierra
c = velocidad de la luz
v = velocidad tangencial del punto a analizar.

Sustituyendo dt por el tiempo de un día en segundos y el resto de valores correspondientes conocidos, y haciendo raíz cuadrada sale para el satélite un atraso (dt'-dt) de $2,1730 \cdot 10^{-05}$ segundos al día respecto a un punto lejano del campo gravitatorio, mientras que para la superficie de la Tierra en le paralelo 40 este retraso (dt'-dt) es de $6,0249 \cdot 10^{-05}$ segundos.

La diferencia entre el ritmo de funcionamiento de los relojes según la RG debería ser entonces la resta de estos valores: $3,8520 \cdot 10^{-05}$ segundos por día. O sea unos 38,5 microsegundos diarios de adelanto en los relojes de satélites a 20000 km de altitud.

Esto coincide con gran precisión con el desfase observado y es considerado un de las mejores pruebas de la corrección de la teoría de la relatividad general.

(Para curiosos que quieran comprobar los cálculos adjunto una tabla de valores a usar)

TABLA DE VALORES EN EL SISTEMA INTERNACIONAL	
c	2,99792 E+08 m/s
G	6,67266 E-11
Masa Tierra (M)	5,97370 E+24 kg
Radio Tierra	6371000 m

SATELITE:	
Altitud	20000000 m
distancia al centro de la Tierra (R)	2,63753 E+07 m
Velocidad tangencial GPS	3870 m/s
TIERRA EN LAT 40° :	
R al eje terrestre	2,02014 E+07 m
velocidad tangencial en lat. 40	4,63312 E+02 m/s

21- MERCURIO Y LA PRECESIÓN ANÓMALA DEL PERIHELIO DE SU ÓRBITA

Como ya comentaba en el capítulo 3, de introducción a la relatividad general, una de las pruebas más valoradas de la validez de la Teoría general de la Relatividad es su capacidad de estimar correctamente la llamada "**precesión anómala del perihelio de la órbita de los planetas**", que se añade a la que se puede esperar por efecto de la atracción gravitatoria de los otros planetas del sistema solar.

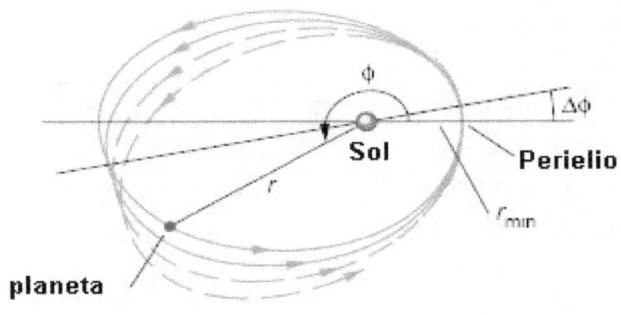

Ya antes de que Einstein creara su teoría, se observaba que la órbita de Mercurio poseía una precesión de su perihelio, un avance girando del eje de la órbita, de unos 9,55 minutos de arco por cada 100 años terrestres, que fue achacado a los efectos de atracción de los otros planetas. Pero los cálculos con mecánica newtoniana para estos efectos gravitatorios daban un valor inferior al observado en aproximadamente 43,1 segundos de arco por siglo. Esta precesión anómala, que parece poca cantidad, es suficiente para generar dudas y no debería ocurrir para la precisión de las mediciones astronómicas.

Einstein con su teoría de la Relatividad General nos da una explicación de este fenómeno obteniendo en primera aproximación una desviación del perihelio de la órbita de cualquier planeta acorde a la fórmula (ver Einstein[1])

$$\Delta\phi = \frac{24\pi^3 a^2}{T^2 c^2 (1-\varepsilon^2)} \quad (3.19)$$

que nos proporciona el exceso de la precesión por revolución, en radianes, siendo **a** el semieje mayor de la órbita elíptica, ε la excentricidad de la órbita y **T** el tiempo de revolución en segundos.

Otra expresión habitual de esta fórmula que se encuentra en textos más actuales es

$$\delta\phi = 6\pi \frac{GM}{c^2} \frac{1}{a(1-e^2)} \quad (3.20)$$

con e para la excentricidad y **a** el semieje mayor de la órbita elíptica, que suele simplificarse a

$$\Delta\phi = \frac{6\pi m}{L} \quad (3.21)$$

siendo L el *semi-latus rectum* $L = a(1-e^2)$ y $m=GM/c^2$ la masa del astro que genera el campo gravitatorio en unidades astronómicas.

Podemos ver un deducción de esta fórmula en Brown [12] ../rr/s6-02/6-02.htm.

Así, siendo **L** 55,4430 km para Mercurio y **m** 1,475 km para el Sol $=GM/c^2$ nos da 0,1034 segundos de arco por revolución de una órbita de Mercurio, que son 42,9195 segundos de arco por siglo, lo cual se acerca mucho a lo observado.

Los datos y resultados para diferentes planetas los podemos ver en la siguiente tabla, cortesía de Brown, en la que podemos ver que para Mercurio el valor calculado es de 42,9 segundos de arco por siglo, bastante acorde con las observaciones.

Planet	Semimajor Axis (10^6 km)	Orbital Eccentricity e	Semilatus Rectum, L (10^6 km)	Precession per rev (arc sec)	Revolutions per century	per century (arc sec)
Mercury	57.9	0.206	55.4430	0.1034	414.9378	42.9195
Venus	108.2	0.007	108.1947	0.0530	162.6016	8.6186
Earth	149.6	0.017	149.5568	0.0383	100.0000	3.8345
Mars	227.9	0.093	225.9289	0.0254	53.1915	1.3502
Jupiter	778.3	0.048	776.5068	0.0074	8.4317	0.0623
Saturn	1427.0	0.056	1422.5294	0.0040	3.3944	0.0137
Uranus	2869.6	0.047	2863.2611	0.0020	1.1903	0.0024
Neptune	4496.6	0.009	4496.2358	0.0013	0.6068	0.0008
Pluto	5900.0	0.250	5531.2500	0.0010	0.4032	0.0004

(Brown[12] ../rr/s6-02/6-02.htm)

Así, la interpretación es que el espacio-tiempo se deforma de modo que observamos que se produce un desvío de la órbita como si existiera una fuerza extra desviándola (en 1859 Le Verrier propuso que un planeta no visible en órbita más cercana al Sol, que llamó **Vulcano** y nunca ha sido encontrado pues no existe, que produciría un efecto de arrastre gravitatorio sobre mercurio que producía esos 43 segundos de arco de precesión extra), pero realmente no existe tal fuerza que atraiga ni desvíe a Mercurio y todo es producto de la geometría del espacio-tiempo.

22- ARRASTRE DEL ESPACIO (frame draging), MÉTRICA DE KERR y el EFECTO GEODÉSICO O DE SITTER

ARRASTRE RELATIVISTA DEL ESPACIO

Un objeto masivo, esférico, y en rotación tiene el efecto relativista de que el espacio es arrastrado parcialmente por dicha rotación de forma que un giróscopo en órbita tendría cierta precesión. Más que arrastre del espacio es un arrastre el sistema de referencia, un *"frame dragging"*. En 1918 Lense y Thirring obtuvieron una métrica simplificada para el caso de gravedades débiles, y el efecto pasó a llamarse "efecto Lense-Thirring". Pero la solución completa, sin simplificaciones, fue estudiada y resuelta por **Roy Kerr** en 1963, quien encontró la solución a las ecuaciones de campo de la relatividad general para este caso de masa gravitatoria girando.

$$c^2 d\tau^2 = \left(1 - \frac{r_s r}{\rho^2}\right) c^2 dt^2 - \frac{\rho^2}{\Delta} dr^2 - \rho^2 d\theta^2$$
$$- \left(r^2 + \alpha^2 + \frac{r_s r \alpha^2}{\rho^2} \sin^2\theta\right) \sin^2\theta \, d\phi^2 + \frac{2 r_s r \alpha \sin^2\theta}{\rho^2} c \, dt \, d\phi$$

(3.23)

Donde las coordenadas r, Φ y θ son las coordenadas esféricas estándar y r_s es el radio de Schwarzschild y donde las escalas de longitud α, ρ y Δ han sido introducidas para simplificar una expresión ya compleja por sí.

$$\alpha = \frac{J}{Mc}$$
$$\rho^2 = r^2 + \alpha^2 \cos^2 \theta$$
$$\Delta = r^2 - r_s r + \alpha^2$$

De acuerdo con su métrica, el espacio debe mostrar un arrastre en su rotación por parte del objeto masivo que crea el campo gravitatorio, apareciendo el llamado "**frame dragging**" pues un objeto que en principio debería estar estático en las cercanías de astro rotando debe experimentar forzosamente un movimiento alrededor de este.

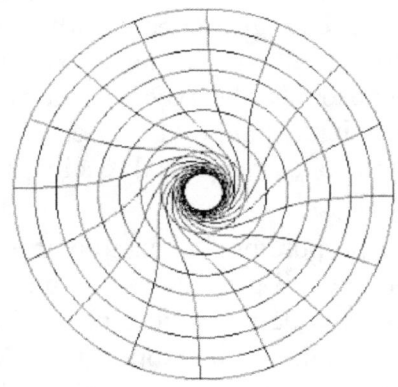

Esto es interpretable como que el propio espacio en si mismo es arrastrado por el astro masivo en rotación. La detección de este arrastre es el principal objetivo del experimento en satélite espacial Gravity Probe B.

EFECTO GEODÉSICO O DE SITTER

En 1916 Willem De Sitter predijo por primera vez un efecto relativista sobre giroscopios en órbita que implicaba un giro del eje del giroscopio. Es el llamado efecto De Sitter o efecto geodésico.

En principio los giroscopios deberían mantener su eje de giro apuntando siempre al mismo lugar, de modo que un giroscopio, o giróscopo, en un satélite artificial siempre debería apuntar a la misma estrella del firmamento lejano, salvo por el movimiento de esa estrella en el firmamento, aunque el satélite gire alrededor de la Tierra y la Tierra alrededor del Sol. Sin embargo hay dos efectos relativistas que pueden afectar al giróscopo y hacerle apuntar hacia otro lado.

El primer efecto es el arrastre del espacio por el giro del planeta al que orbita el satélite, el llamado "frame dragging" o efecto Lense-Thirring ya comentado, y el otro es el llamado efecto geodésico (*"geodetic"* en inglés) o efecto De Sitter, efectos ambos que afectan al propio sistema de referencia.

De Sitter en 1916 planteó por primera vez dicho efecto, y se puede tratar de visualiza de modo simple pensando en el enlentecimiento temporal que un giróscopo en órbita sufriría respecto un observador alejado en el espacio, lejos del campo gravitatorio y en un supuesto reposo. Un observador en el satélite-giróscopo sufrirá un enlentecimiento temporal que afectará al giróscopo de modo que este tenderá a girar en la dirección de la órbita que describe.

Este efecto es proporcional al cambio en el tiempo propio del satélite, siendo muy débil para el caso de un satélite orbitando la Tierra y extremo cerca de un agujero negro. Es un efecto provocado por el enlentecimiento temporal que sufre el satélite tanto por la gravedad del astro que orbita como por la velocidad propia del satélite.

Aplicando la métrica de Schwarzschild tal y como hicimos en el apartado sobre tiempo propio en órbitas circulares obtuvimos la expresión para un cuerpo orbitando ecuatorialmente (3.12)

$$(d\tau)^2 = (dt)^2 \left(1 - \frac{r_s}{r} - \frac{v^2}{c^2}\right)$$

que engloba el efecto gravitatorio sobre el tiempo y el de la relatividad especial (v) en una sola expresión, y que se convertía por la tercera ley de Kepler en primera aproximación newtoniana en la (3.14)

$$(d\tau)^2 = (dt)^2\left(1 - \frac{3r_s}{2r}\right)$$

o lo que es lo mismo

$$(d\tau)^2 = (1 - 3GM/rc^2)(dt)^2$$

y entonces

$$dt' = dt\,(1-3GM/rc^2)^{1/2}$$

Así, el giro del eje del giróscopo en una rotación del satélite será en radianes

$$\alpha = 2\pi - 2\pi\,(1-3GM/(rc^2))^{1/2} = 2\pi(1-(1-3GM/(rc^2))^{1/2} \quad (3.24)$$

esta es la expresión correcta, pero por desarrollo en serie de Taylor y tomando solo los dos primeros términos se puede aproximar a

$$\alpha = \frac{3\pi\,GM}{rc^2} \quad (3.25)$$

Con esta fórmula podemos hallar los valores para algunos casos que no sean tan extremos como las cercanías de un agujero negro, una estrella de neutrones o una enana blanca:

Para la Tierra orbitando al Sol es de 0,019 segundos de arco al año.

Para un satélite una altura de unos 650 km orbitando sobre la Tierra, como el Gravity Probe B, el cálculo daría unos 6,6 segundos de arco por año, coincidente con las mediciones.

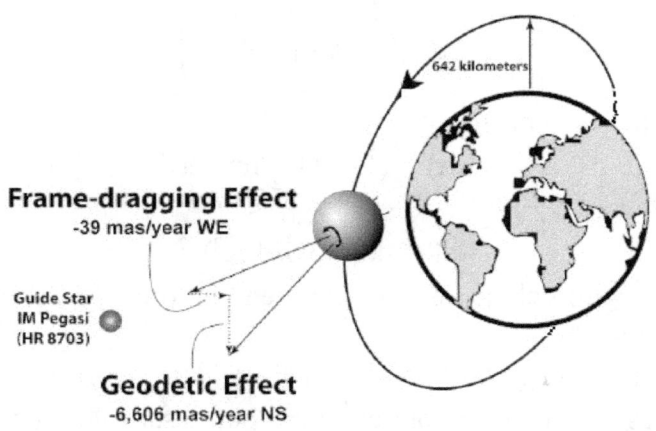

Llama la atención que esta fórmula (3.25) sea justo la mitad de la fórmula que usamos para el cálculo de la **anomalía relativista del perihelio de Mercurio** y de otros planetas, pero no debe ser considerado más que una casualidad pues cada una de las dos fórmulas ha sido obtenida por aproximación mediante desarrollo de Mc Laurin de expresiones diferentes. Para casos más extremos deberemos usar la fórmula (3.24).

Así por ejemplo para una pequeña estrella de neutrones de la masa de la Tierra y un giróscopo en órbita a una distancia de unos 20 km del centro el resultado del efecto geodésico sería de 42,3 grados por vuelta en vez de los 39,9 grados por vuelta al sol que indicaría la fórmula (3.24)

Además es fácil confundir el efecto geodésico o geodético de De Sitter con el efecto de precesión anómala de los planetas debido a que siguen una trayectoria relativista llamada geodésica, pero no tiene nada que ver. En principio bajo la trayectoria geodésica los giróscopos no deberían girar su eje y deberían apuntar siempre a un mismo punto. El efecto De Sitter es justo la deducción de ese giro del eje de los giróscopos que se sumará al efecto del arrastre del espacio o arrastre del sistema de referencia.

23- VELOCIDADES Y TIEMPOS DE CAÍDA DE UN OBJETO RADIALMENTE A UNA GRAN MASA, o a un agujero negro

Supongamos un objeto puntual de masa m cayendo radialmente desde el infinito hacia el centro de una gran masa M, concentrada en un punto, que podría ser un agujero negro de Schwarzschild (sin rotación ni carga eléctrica).

La ecuación de la conservación de la energía en este caso quedaría:

$$\frac{1}{2}m\left(\frac{dr}{d\tau}\right)^2 - \frac{GmM}{r} = 0 \qquad (3.26)$$

siendo r la coordenada radial de Schwarzschild (distancia al centro gravitatorio vista por un observador lejano) y τ el tiempo propio del observador que cae.

Si expresamos (3.26) en función del radio de Schwarzschild, r_s

$$r_s = \frac{2GM}{c^2}$$

se convierte en

$$\left(\frac{dr}{d\tau}\right)^2 = c^2 \frac{r_s}{r} \qquad (3.27)$$

aquí podemos calcular que para cuando el objeto cayendo alcance el radio de Schwarzschild r= r_s quedará

$$\left(\frac{dr}{d\tau}\right)^2 = c^2 \qquad (3.28)$$

Podemos pensar entonces que la velocidad que alcanza el objeto cuando llega al horizonte de sucesos es la de la luz, pero esto es un pensamiento incompleto o incluso incorrecto pues dr es medido según la coordenada r de Schwarzschild que equivale a la distancia radial medida por un observador alejado al centro gravitatorio mientras dτ se refiere al tiempo propio de un observador en el objeto que cae al agujero negro. Entonces dr/dτ no es ni la velocidad propia del objeto cayendo ni la velocidad observada por un observador lejano. Esta es una velocidad que coincide con la que tendría el objeto según la mecánica clásica pero desde un punto de vista de relatividad general tiene **poco significado físico al mezclar unidades** de observadores diferentes.

Llamemos a esta **velocidad mixta** u=dr/dτ , entonces a partir de (3.27) como

$$u = c\sqrt{\frac{r_s}{r}} \qquad (3.29)$$

que sustituyendo r_s por su expresión quedaría

$$u = \sqrt{\frac{2GM}{r}} \qquad (3.30)$$

vemos que esta expresión es coincidente con la expresión de la velocidad de caída de un objeto desde el infinito hasta una distancia r del centro gravitatorio según la mecánica newtoniana.

¿Podemos decir entonces que se cumple la mecánica newtoniana en la caída de un cuerpo hacia un agujero negro? Me temo que no. Solo se cumple aparentemente la mecánica newtoniana cuando hacemos esta mezcla de sistemas de referencia con r en distancia medida por un observador lejano y tiempo en tiempo propio del objeto que cae.

Como hemos dicho arriba, dr es medido según un observador alejado al centro gravitatorio mientras dτ se refiere al tiempo propio de un observador en el objeto que cae al agujero negro. Entonces dr/dτ no es ni la velocidad propia del objeto cayendo ni la velocidad observada por un observador lejano.

Calculemos estas dos velocidades.

1- Velocidad de caída según un observador lejano o de Schwarzschild.

Para ello usamos la expresión que relaciona dt y dτ, ambos ritmos temporales, y expresa la contracción temporal del tiempo propio gravitatorio respecto al tiempo coordenado que puede ser obtenido como método rápido, aunque **no riguroso** pero llegando al mismo resultado al que se llega más formalmente[27], teniendo en cuenta tanto la contracción temporal por efecto gravitatorios como por la velocidad y multiplicándolos por dt. Así, elevado al cuadrado, obtenemos

$$(d\tau)^2 = \left(1 - \frac{2GM}{rc^2}\right)\left(1 - \frac{u^2}{c^2}\right)(dt)^2 \qquad (3.31)$$

y como para un cuerpo en caída libre radial desde el infinito $u^2=2GM/r$ (usando la velocidad mixta u de (3.30)) esto se puede reducir a

$$(d\tau)^2 = \left(1 - \frac{2GM}{rc^2}\right)^2 (dt)^2 \qquad (3.32)$$

que expresada en función el radio de Schwarzschild es

$$(d\tau)^2 = \left(1 - \frac{r_s}{r}\right)^2 (dt)^2 \qquad (3.33)$$

Así sustituida (3.33) en (3.27) y operando tenemos

$$\left(\frac{dr}{dt}\right)^2 = c^2 \frac{r_s}{r}\left(1 - \frac{r_s}{r}\right)^2 \qquad (3.34)$$

y entonces

$$\boxed{v = c\sqrt{\frac{r_s}{r}\left(1 - \frac{r_s}{r}\right)}} \qquad (3.35)$$

Esa es la expresión de la **velocidad de caída desde el infinito de un objeto radialmente** hacia un centro gravitatorio visto desde un sistema de coordenadas externo o coordenadas de Schwarzschild y coincide con la expresión newtoniana multiplicada por $(1 - r_s/r)$. Se podría decir que el "freno temporal" que se aprecia en la ecuación 3.33 provoca el freno en la velocidad en el mismo factor.

Podemos observar que para un valor alto de r r>> r_s podemos despreciar el término entre paréntesis y quedaría de nuevo la expresión de la velocidad de caída newtoniana en función de r_s y que sustituyendo r_s por su expresión quedaría la conocida fórmula de la velocidad de caída newtoniana

$$v=\sqrt{\frac{2GM}{r}}$$

Si volvemos a la ecuación (3.35), que no contiene aproximaciones para distancias lejanas, y sustituimos r por r_s obtendremos la velocidad de caída **al chocar contra el horizonte de sucesos**. Es fácil deducir que **la velocidad será cero**.

La conclusión es que la velocidad de caída va a ir aumentando a medida que cae hacia el radio de Schwarzschild hasta llegar a un punto en que la velocidad empezará a disminuir hasta llegar a cero a la distancia del radio de Schwarzschild, el horizonte de sucesos, el cual jamás será atravesado desde este punto de vista externo al objeto que cae.

Si graficamos la función (3.35) podemos ver como varía la velocidad de caída desde el infinito en función de la distancia y vemos que **la velocidad va aumentando hasta un valor máximo de 0,3849 veces la velocidad de la luz a una distancia 3 r_s, el triple del radio de Schwarzschild, y a partir de aquí va descendiendo hasta ser cero al alcanzar el radio de Schwarzschild, el horizonte de sucesos.** Todo esto visto desde el punto de vista de un observador alejado al centro gravitatorio.

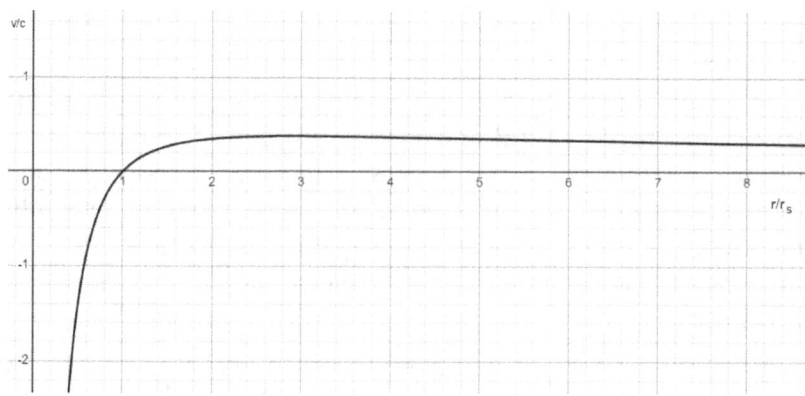

velocidad de caída de un cuerpo desde el infinito. Máxima a distancia $3r_s$ y cero a distancia r_s

La velocidad negativa una vez traspasado el horizonte de sucesos no tendría sentido pues no lo traspasaría jamás, ya que se detendría la caída justo en el horizonte de sucesos.

2- Velocidad de caída en coordenadas propias.

Para el cálculo esta vez usamos la expresión que expresa la contracción en RG de las reglas situadas radialmente al centro de gravedad de un campo gravitatorio según la métrica de Schwarzschild que en su segundo término nos indica como vimos capítulos atrás (ver 3.16) que

$$dr' = \frac{dr}{\sqrt{1-\frac{r_s}{r}}} \quad \text{o} \quad dr = dr'\sqrt{1-\frac{r_s}{r}} \quad (3.36)(3.16),$$

es decir, que las reglas de medir del observador que cae encogen. Pero también hay que tener en cuenta que para ese observador que cae, él mismo está en reposo, y, relativamente hablando, es el agujero negro el que se acerca hacia él. Entonces, por la relatividad especial, son las reglas estáticas respecto al agujero negro las que encogen en función de la velocidad de "caída" de ese observador.

Como la velocidad de caída es la newtoniana $v = \sqrt{\frac{2GM}{r}}$,

entonces la contracción de esas reglas estáticas con dr será

$$dr' = dr\sqrt{1-\frac{v^2}{c^2}} = dr\sqrt{1-\frac{2GM}{rc^2}} = dr\sqrt{1-\frac{r_s}{r}} \quad (3.37)$$

Así que estas contracciones y dilataciones recíprocas, dr es menor que dr' por un lado pero mayor por el otro (3.36 y 3.37), se anulan entre si de modo que no hay contracción alguna, y dr=dr', y entonces sustituyendo dr por dr' en (3.27) queda

$$\left(\frac{dr'}{d\tau}\right)^2 = \frac{c^2 r_s}{r} \quad (3.38)$$

y entonces

$$v' = c\sqrt{\frac{r_s}{r}} \qquad (3.39)$$

la misma expresión que para la mecánica newtoniana. Sería la expresión simplificada de la velocidad de caída según coordenadas propias del observador que cae desde el infinito hacia el centro del campo gravitatorio.

Esta velocidad, para r tendiendo a r_s tenderá a la velocidad de la luz, c. Es decir, el objeto que cae **impactará con el horizonte de sucesos**, o verá que el horizonte de sucesos impacta contra él, **a la velocidad de la luz en coordenadas propias del objeto que cae**.

Si graficamos la función (3.39) podemos ver como varía la velocidad de caída desde el infinito en función de la distancia y vemos que la velocidad va aumentando hasta tender a c al acercarse al horizonte de sucesos, y luego una vez por debajo del horizonte de sucesos esa velocidad sigue aumentando hasta llegar a infinito al chocar con la singularidad. Pero bueno, ya se sabe que las leyes de la física se vuelven locas dentro de un agujero negro; en este caso, velocidades superlumínicas.

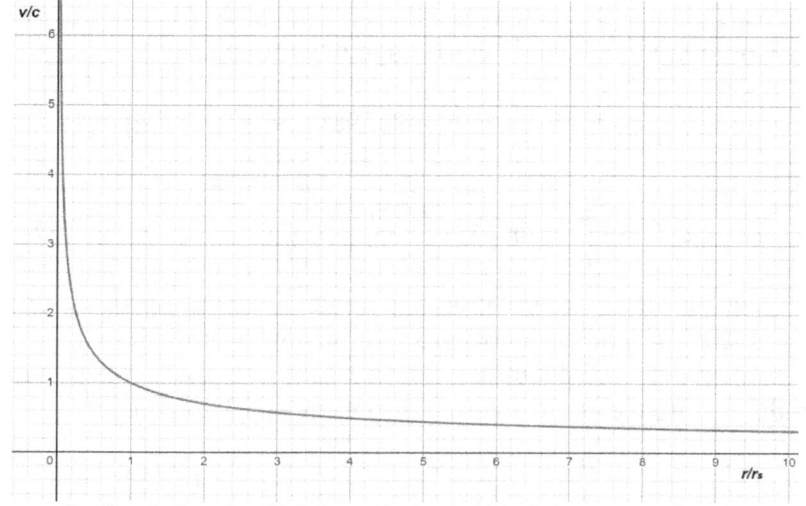

Gráfico de la velocidad de caída desde el infinito en coordenadas propias.

3- Tiempo de caída hasta el centro de un agujero negro en tiempo coordenado (t de Schwarzschild), es decir, visto por un observador lejano.

De la ec. (3.34) y despejando dt se obtiene

$$dt = \frac{1}{c}\sqrt{\frac{r}{r_s}}\frac{r}{r-r_s}dr \qquad (3.40)$$

Integrando esta expresión se obtiene la expresión del tiempo de caída entre dos valores de r para el caso de la caída desde el infinito.

$$\Delta t = \frac{1}{c\sqrt{r_s}}\int_{r_1}^{r_2}\frac{r^{3/2}}{r-r_s}dr \qquad (3.41)$$

Este tiempo será proporcional al área entre la expresión que aparece en la integral, el eje de abscisas y los valores de r indicados.

Representamos dicha función.

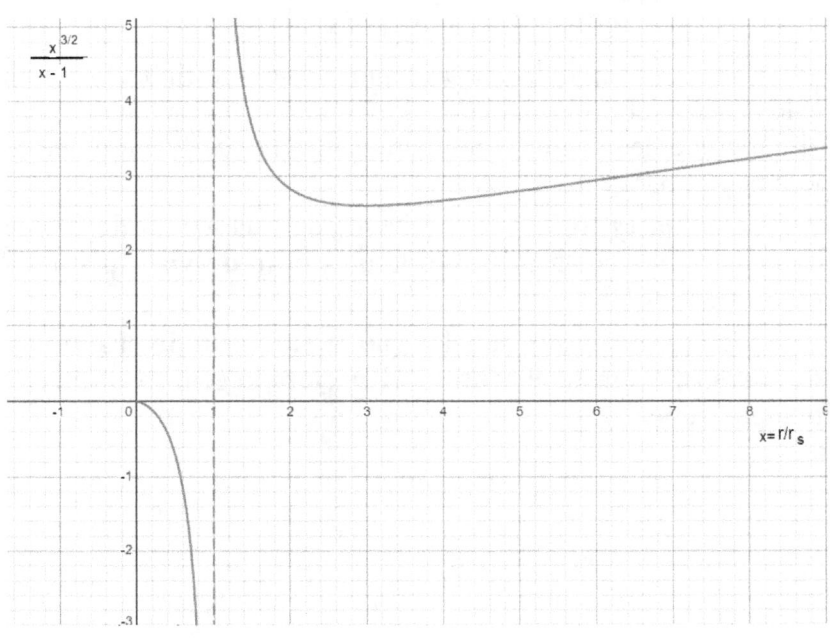

Resolviendo la integral se encuentra que el área, y por lo tanto el tiempo de caída, es infinita entre cualquier punto con r>r_s hasta el horizonte de sucesos. O sea, que nunca se llegará a caer y traspasar el radio de Schwarzschild, el horizonte de sucesos.

4- Tiempo de caída hasta el centro de un agujero negro en tiempo propio (τ)

A partir de la ec. (3.27) despejando dτ se obtiene

$$d\tau = \frac{1}{c}\sqrt{\frac{r}{r_s}}\,dr \qquad (3.42)$$

Integrando esta expresión se obtiene la expresión del tiempo de caída entre dos valores de r para el caso de la caída desde el infinito.

$$\Delta\tau = \frac{1}{c}\int_{r_1}^{r_2} \sqrt{\frac{r}{r_s}}\,dr \qquad (3.43)$$

$$\Delta\tau = \frac{2}{3c}\left[\sqrt{\frac{r^3}{r_s}}\right]_{r_1}^{r_2} = \frac{2}{3c}\left[\sqrt{\frac{r_2^3}{r_s}} - \sqrt{\frac{r_1^3}{r_s}}\right] \qquad (3.44)$$

Ahora el tiempo de caída propio es siempre finito, salvo para caídas desde el infinito, claro. Δt es finito tanto para caídas hasta el horizonte de eventos como para caídas hasta el centro del agujero negro, para r=0.

La caída es finita y el horizonte de sucesos no tiene efecto en cuanto a evitar la caída desde un **punto de vista propio** del objeto que cae.

Además, se puede calcular que la **caída desde el horizonte de sucesos, r_s, hasta el centro del agujero negro**, r=0, será en un tiempo **2r_s/3c**.

SECCIÓN 4: LOS AGUJEROS NEGROS

24- INTRODUCCIÓN A LOS AGUJEROS NEGROS

Ya los hemos ido nombrando en apartados anteriores, pero ahora, empezando por una perspectiva histórica, vamos a estudiar un objeto que parece de reciente concepción pero que ya fue concebido ya en el siglo XVIII por Michell y Laplace, hace ya más de dos siglos. Entonces se las denominó **"estrellas negras"**.

En su concepción inicial, un agujero negro era un objeto con una fuerza de gravedad en su superficie tan grande que nada puede escapar de él, ni siquiera la luz, si es que ésta estuviera afectada por la gravedad (cosa que hace 200 años no se sabía). Antes de medir la velocidad de la luz y de la existencia de la teoría de la relatividad, por medio de la cual se demostró que nada puede sobrepasar la velocidad de la luz, se pensaba que un cuerpo podía alcanzar una velocidad infinita y por lo tanto el agujero negro era un cuerpo en el que la velocidad de escape era infinita también. Esto sólo podía ocurrir cuando se tratara de un astro de masa infinita o de densidad infinita. Se trataba de casos fuera de la lógica y por ello no se le dio importancia al asunto siendo aparcado en el olvido por la mayoría de los científicos.

Pero con la teoría de la relatividad especial la velocidad máxima que puede alcanzar un cuerpo es la de la luz, y entonces se puede pensar que el agujero negro ya puede tener un volumen y una masa finitas, puesto que la velocidad de escape será finita.

Como veremos la relatividad especial nos lleva otra vez a un agujero negro puntual, debido a que la velocidad de escape desde el punto de vista relativista nunca puede superar la velocidad de la luz.

De todos modos ya se había descubierto que la luz no es simplemente una partícula, y por ello no podemos aplicarle la idea de velocidad de escape. Pero es desde el punto de vista de la relatividad general de Einstein cuando se deducen las consecuencias más interesantes para los cuerpos de masa extrema, volviendo a ser factible la idea de un agujero negro no puntual. Aparece el llamado horizonte de sucesos, región del espacio alrededor del agujero cuya curvatura en el espacio tiempo impide que nada escape; ni siquiera la luz.

Además ya no se piensa que el hecho de que un cuerpo colapse hasta ocupar el volumen de un punto sea algo absurdo. Para aclarar ideas comenzaremos viendo como se pueden formar los agujeros negros, continuando luego con un análisis relativista de los agujeros negros.

25- COMO SE FORMAN LOS AGUJEROS NEGROS

Supongamos una estrella como el sol que va agotando su combustible nuclear convirtiendo su hidrógeno a helio y este a carbono, oxígeno y finalmente hierro llegando un momento en que el calor producido por las reacciones nucleares es poco para producir una dilatación del sol y compensar así a la fuerza de la gravedad. Entonces el sol se colapsa aumentando su densidad, siendo frenado ese colapso únicamente por la repulsión entre las capas electrónicas de los átomos. Pero si la masa del sol es lo suficientemente elevada se vencerá esta repulsión (al sobrepasar el **límite de Chandrasekar**) pudiéndose llegar a fusionarse los protones y electrones de los átomos, formando neutrones y reduciéndose el volumen de la estrella no quedando ningún espacio entre los núcleos de los átomos. El sol se convertiría en una esfera de neutrones y por lo tanto tendría una densidad elevadísima. Sería lo que se denomina **estrella de neutrones**.

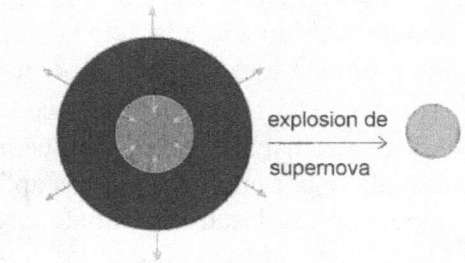

Naturalmente las estrellas de neutrones no se forman tan fácilmente, ya que al colapsarse la estrella la energía gravitatoria se convierte en calor rápidamente provocando una gran explosión. Se formaría una nova o una **supernova** expulsando en la explosión gran parte de su material, con lo que la presión gravitatoria disminuiría y el colapso podría detenerse. Así se podría llegar a formar objetos de menos densidad que las estrellas de neutrones llamados "**enanas blancas**" en las que la distancia entre los núcleos atómicos a disminuido de modo que los electrones circulan libres por todo el material (es la llamada materia degenerada), y es la velocidad de movimiento de estos lo que impide un colapso mayor. Por lo tanto la densidad es muy elevada pero sin llegar a la de la estrella de neutrones. Estos electrones degenerados se repelen pero no por repulsión electromagnética sino porque al presionarlos se intenta que ocupen el mismo orbital más electrones de los que caben. Es la **presión de Fermi** de los electrones degenerados que actúa cuando las ondas asociadas a los electrones comienzan a solaparse. Pero Chandrasekhar descubrió que si la **masa** de la enana blanca fuera **superior a 1,44 masas solares**, entonces debido al límite máximo de velocidad de los electrones (la velocidad de la luz) esta presión de Fermi no sería suficiente y la estrella colapsaría a una **estrella de neutrones**.

Se ha calculado **que por encima de unas 2'5 soles de masa**, una estrella de neutrones se **colapsaría** más aún fusionándose sus neutrones. Esto es posible debido igualmente a que el principio de exclusión de Pauli por el cual se repelen los neutrones tiene un límite cuando la velocidad de vibración de los neutrones alcanza la velocidad de la luz. Se trata del límite TOV, de **Tolman-Oppenheimer-Volkof** [28] considerando que los neutrones de la estrella de neutrones forman un gas degenerado de Fermi, el cual no está claro cual es debido a que aún no se conocen con exactitud las ecuaciones de estado de la materia extremadamente densa y se estima entre 2 y 3 masas solares y puede aumentar hasta en un 20% si la estrella de neutrones está rotando a gran velocidad.

Debido a que no habría ninguna fuerza conocida que detuviera el colapso, este continuaría hasta convertir la estrella en un punto **creándose un agujero negro**. Este volumen puntual implicaría una densidad y curvatura infinitas, por lo que fue rechazado en un principio por la comunidad científica, pero S. Hawking[29] demostró que esta singularidad era compatible con la teoría de la relatividad general de Einstein al menos para la situación inicial de big-bang del universo y posible big-crunch.

Una vez superada la presión cuántica de neutrones degenerados, estos podrían fusionarse hasta un punto, pero también puede existir una presión de quarks degenerados y un nuevo límite aún no calculado.

26- LA TEORÍA DE LA RELATIVIDAD ESPECIAL Y LOS AGUJEROS NEGROS

Es posible hallar la relación entre la masa y el radio de un agujero negro esférico teniendo en cuenta que la velocidad máxima que puede alcanzar un objeto, según la teoría de la relatividad, es la velocidad de la luz.

La velocidad de escape en la superficie de un astro esférico será la velocidad máxima que puede alcanzar un objeto para mantenerse en órbita alrededor del astro. Esto ocurrirá cuando la energía cinética del objeto sea igual a la energía potencial debida a la atracción gravitatoria del astro.

La energía cinética según la mecánica clásica es

$$Ec = \tfrac{1}{2} mv^2 \qquad (4.1)$$

y la energía potencial es

$$Ep = GmM/r \qquad (4.2)$$

siendo v la velocidad del objeto en órbita, m la masa del objeto en órbita, M la masa del astro, r la distancia desde el centro del astro hasta el punto donde se encuentra el objeto en órbita y G la constante de gravitación universal.

Igualando la energía potencial con la energía cinética y despejando la velocidad obtenemos la ecuación de la **velocidad de escape**:

$$v_e = \sqrt{\frac{2GM}{r}} \qquad (4.3)$$

entonces para una velocidad de escape igual a la velocidad de la luz c y despejando M/r de la anterior fórmula obtenemos

$$\frac{M}{r} = \frac{c^2}{2G} \qquad (4.4)$$

como c=2,99793 x 10^8 m/s y G=6,6732 x 10^{-11} Nm²/kg² obtenemos que

M/r=6,734 x 10^{26} kg/m

que será la relación entre la masa y el radio de un cuerpo esférico para que sea un agujero negro. Con esta relación podríamos hallar el **radio** que **deberían** tener diversos objetos estelares **para ser un agujero negro aunque no se colapsara en un punto.**

TABLA DE RADIOS QUE DEBERÍAN TENER DIFERENTES OBJETOS PARA SER AGUJEROS NEGROS según la mecánica clásica y el límite de velocidad relativista.

MASA	RADIO
1 sol (2 x 10^{30} kg)	3 km
25 soles (gigantes azules)	75 km
1000 soles	3000 km
10^7 soles (núcleo galáctico)	3 x 10^7 km
10^{11} soles (galaxia)	3 x 10^{11} km

Así podemos ver que si el Sol pudiera ser comprimido hasta ser una esfera de 3 km de radio se convertiría en un agujero negro.

Pero esto es mezclar la teoría de relatividad con la mecánica clásica, ya que la ecuación de la energía cinética de un cuerpo según la relatividad especial es diferente a la clásica (ver ec. 2.45):

$$Ec = mc^2 \left(\frac{1}{\sqrt{1 - \frac{v^2}{c^2}}} - 1 \right) \quad (4.5)(2.45)$$

Así se obtiene una **velocidad de escape relativista (V_{er})**:

$$Ver = c \sqrt{1 - \frac{1}{\left(1 + \frac{MG}{rc^2}\right)^2}} \quad (4.6)$$

Se observa en esta fórmula que la velocidad de escape nunca podrá alcanzar la velocidad de la luz más que en un astro de masa infinita o radio cero. Así, según la relatividad especial los agujeros negros solo pueden ser de densidad infinita lo que nos lleva a tipo puntual.

Pero esto es considerando únicamente la teoría de la relatividad especial. Si tenemos en cuenta la teoría de la relatividad general de Einstein, aparecen unas nuevas consecuencias muy interesantes. Este punto de vista, el de la relatividad general, es el que debemos tener en cuenta únicamente, ya que engloba todos los demás puntos de vista, pues la relatividad general engloba a la especial.

27- LA RELATIVIDAD GENERAL Y LOS AGUJEROS NEGROS

Según la teoría de la **relatividad general** de Einstein, en las cercanías de una gran masa el tiempo transcurre más despacio debido a la acción gravitatoria.

Einstein dedujo (como podemos leer en su libro "El significado de la relatividad"[2]) la siguiente fórmula

$$t' = t\sqrt{1 - \frac{x}{4\pi}\int \frac{\sigma}{r}dV_o} \qquad (4.7)$$

siendo

x=8π G/c²

t'= tiempo transcurrido a una distancia r del centro de gravedad de la masa (un astro) productora del campo gravitatorio

t= supuesto tiempo objetivo (transcurrido en las lejanías del campo gravitatorio)

σ = densidad del astro

V_0 = Volumen del astro

r = distancia desde el centro del astro hasta el punto del espacio que estamos analizando.

Entonces sustituyendo x por su valor se obtiene

$$t' = t\sqrt{1 - \frac{2G}{c^2}\int \frac{\sigma}{r}dV_o} \qquad (4.8)$$

y siendo

$$\int \frac{\sigma}{r}dV_o$$

igual a la masa M del astro dividida por el radio r, se obtiene

$$t' = t\sqrt{1 - \frac{2GM}{c^2 r}} \qquad (4.9)$$

(ecuación que suele ser deducida actualmente a partir de la métrica de Schwarzschild (ver capítulo 15 fórmula 3.3) para la relatividad general)

y como según la ecuación (4.3) $2GM/r = v_e^2$, siendo v_e la velocidad de escape clásica a la distancia r del centro del astro, obtenemos

$$t' = t\sqrt{1 - \frac{v_e^2}{c^2}} \qquad (4.10)$$

(Se puede hacer otra deducción de esta fórmula, más didáctica, por medio del principio de equivalencia que podemos ver en el capítulo 3 (fórmula 1.11), apartado sobre relatividad general)

De aquí se deduce que *a medida que un cuerpo se acerca a un astro el tiempo transcurre más despacio* para éste cuerpo, en función de la velocidad de escape del astro (desde un punto de vista clásico), de modo que cuando se llegue a una distancia tal que la velocidad de escape clásica sea igual a la velocidad de la luz, el tiempo se detendrá para el objeto situado en ese lugar. O sea para **r=2GM/c²** que es el llamado **radio de Schwarzschild**.

Podemos ver que si de esta expresión despejamos M/r se obtiene la misma relación (4.4) que obtuvimos por medio de la física clásica y límite de velocidad de la luz en el apartado sobre la relatividad especial y los agujeros negros. Por esto los valores de la **tabla** de dicho apartado son **válidos**, pues la ecuación para el radio de Schwarzschild casualmente es la misma ya se calcule por medio de la relatividad general o por medio de la mecánica clásica y el límite de velocidad de la luz.

Aparece así una superficie esférica alrededor del agujero negro en la cual el tiempo se detiene. Esta superficie esférica es el llamado **horizonte de sucesos** del agujero negro.

Al atravesar este horizonte el tiempo vuelve a existir pero con componentes imaginarias (el cálculo del tiempo transcurrido en el interior del horizonte de sucesos nos lleva a una raíz cuadrada de un numero negativo), lo cual nos lleva a pensar que tal vez el tiempo transcurre en el interior de un agujero negro tal vez en una quinta dimensión perpendicular tanto a las tres espaciales como a la temporal normal.

Además la teoría de la relatividad general nos dice que el **espacio se curva** alrededor de una masa de tal forma que un rayo de luz que pasara rozando esa masa se desviaría el doble de lo que lo haría si estuviera afectado por la gravedad desde un punto de vista clásico (como partícula). Así Einstein obtuvo realizando algunas aproximaciones, como ya comentamos en el capítulo 3, que la desviación era (eq 1.7):

$$\alpha = \frac{4GM}{rc^2} \qquad (4.11)$$

que nos proporciona un ángulo de 1,75 segundos de grado en un rayo de luz que pase rozando el sol. Esto fue comprobado mediante la observación de eclipses.

También se obtiene que la luz emitida por una estrella debe tener un **espectro algo desplazado hacia el rojo**, o sea que la luz emitida tendrá una frecuencia menor de lo normal debido a que todos sus electrones vibrarán con más lentitud a causa de sea detención parcial del tiempo obteniendo la fórmula que vimos (1.12):

$$\nu = \nu_0 \sqrt{1 - \frac{2GM}{rc^2}} \qquad (4.12)$$

Podemos apreciar que si el radio fuera $2GM/c^2$ (radio del horizonte de sucesos) la frecuencia sería cero y por lo tanto no veríamos la luz procedente de la estrella. Un motivo más para que algo sea llamado "agujero negro"

Se calcula que para dicho radio la curvatura del espacio sería tal que la luz quedaría atrapada en el agujero. De esta forma al acercarnos al horizonte de sucesos las tres coordenadas espaciales normales se curvan de tal forma que cualquier movimiento en el interior del agujero se produciría en dirección hacia el centro de éste.

De este modo todo lo que traspase el horizonte de sucesos no podrá salir jamás.

28- DETECCIÓN DE AGUJEROS NEGROS

Tal y como hemos descrito un agujero negro nunca podríamos observar uno de ellos ya que no reflejarían ni emitirían ningún tipo de radiación ni de partícula. Pero hay ciertos efectos que sí pueden ser detectados. Uno de estos efectos es el efecto gravitatorio sobre una estrella vecina.

Supongamos un sistema binario de estrellas (dos estrellas muy cercanas girando la una alrededor de la otra) en el cual una de las estrellas es visible y de la cual podemos calcular su distancia a la Tierra y su masa. Esta estrella visible realizará unos movimientos oscilatorios en el espacio debido a la atracción gravitatoria de la estrella invisible. A partir de estos movimientos se puede calcular la masa de la estrella invisible.

Si esta estrella invisible supera una masa de unos 2'5 veces la masa de nuestro sol, el límite TOV comentado en el capítulo 25, tendremos que suponer que se trata de un agujero negro. Un ejemplo de detección por efectos gravitatorios lo tenemos en **Sagitarius A**, objeto invisible en el centro de nuestra galaxia que provoca órbitas extremas de otras estrellas a su alrededor.

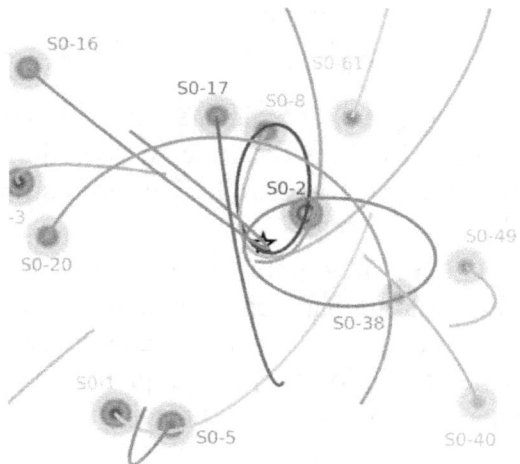

Gráfico creado por la Dr. Andrea Ghez [30] y su equipo en base a datos observacionales, con Sgr A*, en el centro dibujado como una estrella de 5 puntas.

Sagitario A a sido recientemente fotografiado por medio del Event Horizon Telescope (EHT) pero la mejor imagen de este tipo es del agujero negro de la galaxia M87.

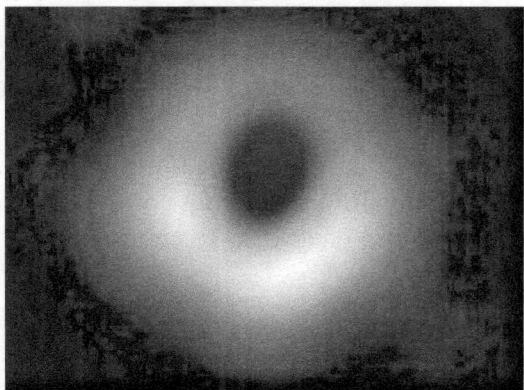

Primera imagen real de un agujero negro que obtuvo el EHT de M87 a 53,5 millones de años-luz de distancia u con una masa equivalente a 6500 millones de soles.

Por otro lado, si una estrella visible está lo suficientemente cerca del agujero negro, podría ir cediéndole parte de su masa que caería en espiral hacia el agujero negro siendo acelerada a tal velocidad que alcanzaría una temperatura tan elevada como para emitir rayos X y chorros de plasma en dirección a su eje de rotación. Pero esto también podría suceder si se tratara de una estrella de neutrones en vez de un agujero negro.

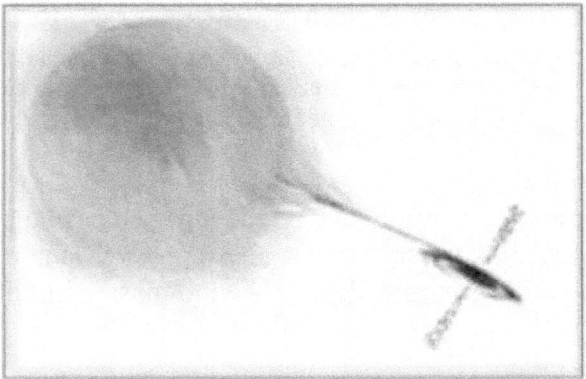

Un ejemplo de objeto detectado que cumple las dos condiciones primeras expuestas es la estrella binaria llamada **Cignus-X1**, que es una fuente de rayos X muy intensa formada por una estrella visible y una estrella invisible con una masa calculada de unas 14 masas solares, que supera los 2'5 masas solares del límite TOV. También se han detectado objetos de miles de masas solares, e incluso millones en los centros de galaxias, candidatos a agujeros negros supermasivos.

La citada arriba **M87** también tiene unos **chorros relativistas** extremadamente grandes lo que la sitúa como muy buena candidata a tener un gran agujero negro en su centro.

El telescopio espacial Hubble nos mostró esta imagen de la galaxia M87 donde se aprecia un inmenso chorro de gases supuestamente emitido por el disco de acreción de un agujero supermasivo central

A parte de esto también hay que tener en cuenta que S. Hawking dedujo que un agujero negro produciría partículas subatómicas en sus proximidades, perdiendo masa e irradiando dichas partículas, lo cual sería otro modo de detección.

Podemos leer en "Agujeros Negros y Pequeños Universos" [20] de Stephen Hawking en su conferencia "El Futuro del universo" diciendo:

> *"El principio de indeterminación de la mecánica cuántica indica que las partículas no pueden tener simultáneamente muy definidas la posición y la velocidad. Cuanto mayor sea la precisión con que se defina la posición de una partícula, menor será la exactitud con que se determine su velocidad y viceversa. Si una partícula se encuentra en un agujero negro, su posición esta muy definida allí, lo que significa que su velocidad no puede ser exactamente definida. Es posible que la velocidad de la partícula sea superior a la de la luz, de esta forma podría escapar del agujero negro."*

Pero de todos modos no debemos pensar que el agujero perdería masa, salvo si es muy pequeño, ya que un agujero negro de unas pocas masas solares probablemente emitiría una radiación inferior a la radiación de fondo del universo, con lo cual recibiría más energía de la que emitiría, y por lo tanto aumentaría su masa.

Además de por la observación del movimiento de las estrellas para detectar estrellas vecinas invisibles de gran masa que puedan ser agujeros negros, o por los chorros de plasma y la radiación emitida por los discos de acreción, también podemos tener pistas de agujeros negros por el efecto de **lente gravitatoria**, pues un agujero negro desviaría la luz de una nebulosa que se encontrara detrás de modo que se producirían unas figuras en forma de arco o círculo bastante visibles.

Simulación de cómo se vería una galaxia detrás de un agujero negro

29- EL AGUJERO NEGRO NO PUNTUAL

En el apartado sobre la formación de los agujeros negros hablamos de que una estrella podría contraerse hasta ser un simple punto. Esto representaba una singularidad tanto de densidad como de curvatura del espacio (densidad y curvatura infinitas), además de tiempos imaginarios en su interior.

Sin embargo un cuerpo que caiga hacia un agujero negro tardaría un tiempo infinito en caer como hemos visto en el capítulo 23, desde el punto de vista de un observador suficientemente alejado. Esto es debido tanto a la contracción de longitudes por la RG (capítulo 18) como a la dilatación temporal a medida que nos acercamos al horizonte de sucesos igual que sucede con la velocidad de la luz, que disminuye (capítulo 16) a medida que se acerca a una masa (hecho comprobado al enviar y recibir señales de radio a sondas situadas casi detrás del Sol).

Entonces, aunque la velocidad de caída se mantenga o aumente desde el punto de vista del observador que cae, ésta irá disminuyendo hacia cero para el observador externo a partir de cierto punto (capítulo 23).

Es lógico que si la luz se frena hasta detenerse en el horizonte de sucesos, también se detenga toda caída y movimiento al acercarse al horizonte de sucesos, pues sino fuera así, un cuerpo cayendo a un agujero negro podría tener más velocidad que un rayo de luz que cayera junto a él y esto no tiene sentido relativista.

Este descenso de velocidad de caída podría implicar que cuando una estrella se convierte en supernova las partículas subatómicas colapsando se podrían terminar deteniendo en su caída antes del colapso final hasta un punto.

Así que aquí plantearé la posibilidad de que, en el supuesto de que a pesar de todo la materia pudiera colapsarse y superar el límite TOV los problemas de singularidad se podrían evitar basándonos en el hecho de que en el horizonte de sucesos el tiempo se detiene.

Para completar la idea supongamos ahora un astro cuya distribución de densidades interiores sea tal que la situación que caracteriza a un horizonte de sucesos se dé en todo el volumen del astro.

En este caso el tiempo estaría detenido en todo el volumen de astro (el horizonte de sucesos no sería una superficie esférica sino una esfera) y por lo tanto el colapso a partir de este punto no ocurriría aún cuando se hubiera superado la presión soportable por los neutrones, y los neutrones ya estuvieran fusionándose.

Así en una estrella colapsándose sus neutrones, si se consiguiera esta distribución de densidades se detendría el colapso al detenerse el tiempo.

Para obtener dicha distribución podemos tener en cuenta como aproximación aceptable que la gravedad en el interior de un astro es igual a la que tendría si le quitáramos una corona esférica justo por encima del punto en que queremos calcular la intensidad del campo gravitatorio (ya que en el interior de una corona esférica el campo gravitatorio queda anulado). Así tenemos que, suponiendo que la relatividad general no anula lo dicho antes, los cálculos son los mismos que para un punto en la superficie pero teniendo en cuenta sólo el volumen que queda por debajo de dicho punto.

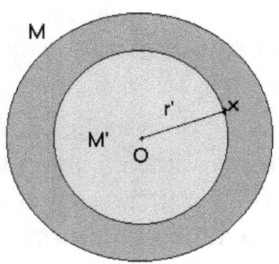

Entonces teniendo en cuenta que en el horizonte de sucesos el radio es igual a r=2GM/c² tenemos que M'/r' ha de tener una relación constante en todo el astro siendo M' la masa de la esfera de radio r' con centro en el mismo centro de la estrella. O sea

$$\frac{M'}{r'} = \frac{c^2}{2G} = K \qquad (4.13)$$

y por lo tanto si despejamos la masa

$$M'=Kr' \qquad (4.14)$$

Por otro lado, la masa total del astro será igual a la suma de todos los diferenciales de masa, siendo un diferencial de masa igual a la densidad en un punto determinado de la esfera σ(x) multiplicada por el diferencial de volumen, que será igual al área de la superficie esférica multiplicada por un diferencial de radio. Por lo tanto obtendremos que

$$Kr' = M' = \int \sigma(x)dV = \int_0^{r'} \sigma(x)4\pi x^2 dx \qquad (4.15)$$

Una solución evidente de σ (x) para que la integral dé como resultado Kr' es

$$\sigma(x) = \frac{K}{4\pi x^2} = \frac{c^2}{8\pi G x^2} \qquad (4.16)$$

siendo x la distancia desde el punto del astro que estudiamos al centro del mismo.

A mayor profundidad tendremos mayor densidad inversamente proporcional al cuadrado del radio. Esto nos lleva a una densidad infinita en el centro del astro, pero debemos tener en cuenta que cuando el radio se hace cero la masa también tiende a cero, lo cual hace esta situación más aceptable pues el límite puede ser real.

Podría ser que este tipo de agujero negro fuera común en todos los agujeros negros, ya que en una implosión estelar la fusión de neutrones empezaría a realizarse en el centro de la estrella, y la situación de tiempo detenido empezaría a darse en el centro de la estrella impidiendo la fusión de más materia en ese punto. Esta situación se iría extendiendo capa a capa hacia afuera creándose una distribución de densidades como la que he calculado, y por lo tanto un **agujero negro sólido** desde el horizonte de sucesos hacia el interior. Sin singularidad. En cierto modo esto es repescar el viejo concepto de "estrellas congeladas" o *"frozen Stars"*.

De todos modos, como me han comentado varios lectores, todo lo relacionado con el enlentecimiento temporal sería desde el punto de vista de un observador externo (lo más alejado posible), o lo que es lo mismo desde un punto de vista de un tiempo cósmico (hablo de ello en el capítulo sobre el fondo de microondas), mientras que un observador local que cayera hacia el agujero negro no notaría dicho enlentecimiento del tiempo pues para cada uno su tiempo es el natural. En todo caso si esa persona mirase hacia la estrella vecina la vería envejecer y girar más rápido de lo normal, pues para él el tiempo de la estrella vecina estaría acelerado. Como vemos, la percepción del tiempo es relativa. Desde el punto de vista de una partícula que colapsa no habría detención alguna y sería posible el colapso total hacia un sólo punto pero desde el punto de vista de un observador exterior no se colapsaría del todo jamás.

El debate está servido y esta idea de "no agujeros negros" surge de vez en cuando en la bibliografía siendo uno de los modelos más considerados el de Mazur y Mattola[31] que plantearon en 2001 algo similar, que llamaron "gravastar" en los que el interior del objeto, desde afuera del horizonte de sucesos, tiene una estructura de tipo De Sitter formado por un condensado Bosse-Einstein con presión negativa $p=-\rho$ y no habría horizonte de sucesos alguno. Otras propuestas suelen plantear que el interior del agujero negro está formado por materia oscura, otros energía oscura, materia exótica[25], etc, la mayoría modelos similares al de Mazur-Mattola y llamados recientemente como *"impostores de agujeros negros"*.

En el siguiente apartado podemos ver como serían los gráficos espacio-tiempo del colapso de una estrella según el modo clásico y según esta hipótesis aquí planteada.

30- GRÁFICOS DE UNA ESTRELLA COLAPSANDO

Vamos a trazar un gráfico espacio-tiempo de una estrella colapsándose.

Como no podemos representar en un papel 3 dimensiones espaciales y otra temporal, dibujaremos sólo una de las dimensiones espaciales y la temporal. Así representaremos sólo el eje x y el tiempo, poniendo el origen de coordenadas en el centro de la estrella y atravesando el eje x a la estrella radialmente.

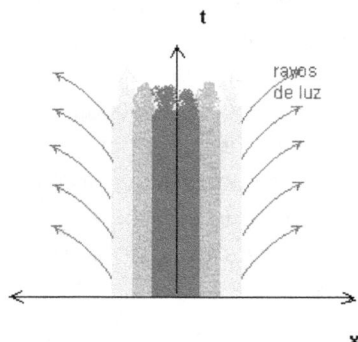

De este modo tenemos que una *estrella estable* se representará como en el gráfico, simplemente existiendo la estrella en la misma situación a lo largo del tiempo. En este gráfico he puesto las capas exteriores de la estrella de color más claro y las interiores más oscuras.

Los rayos de luz emitidos por la estrella partirán algo más lentos en las proximidades de la estrella (por los efectos de la gravedad sobre el tiempo y el espacio, capítulo 16) y luego con mayor velocidad a medida que se alejan de la estrella acercándose a la velocidad conocida de la luz en el vacío. Por ello su representación es una curva en el gráfico e-t pues se aceleran con el tiempo

La representación clásica de una *estrella colapsando*, con un diagrama de este tipo es la siguiente:

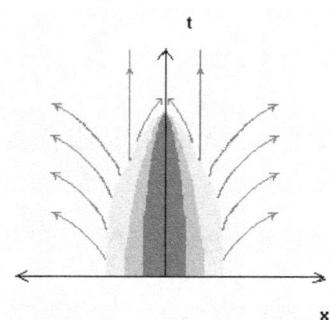

Aquí tenemos que la estrella se colapsa hacia el centro hasta formar un simple punto y ocupar un espacio cero.

El comportamiento de los rayos de luz se vuelve peculiar. Los rayos de luz que son emitidos en el horizonte de sucesos se quedan en dicho lugar (no avanzan en x) mientras el tiempo sigue transcurriendo, y por esto su representación es la línea tipo flecha vertical. Los rayos de luz emitidos dentro del horizonte de sucesos también colapsan hacia el centro del agujero negro pues la deformación del espacio-tiempo provocan que esta sea la única dirección posible en el interior del agujero.

Pero si tenemos en cuenta la *hipótesis* planteada en el apartado anterior del *pseudo-gravastar*, en el que la caída hacia el agujero se llega a detener y se forma un agujero negro sólido desde el horizonte de sucesos hacia el centro, en el horizonte de sucesos igual que se detiene la luz también *se detendrá el colapso* y tendremos que el gráfico debería ser:

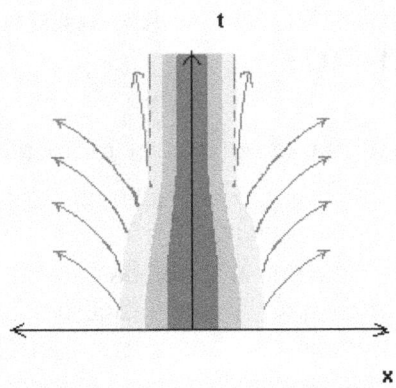

Según esta suposición el colapso se frena y la masa se compacta tendiendo hacia una distribución de densidades tal que toda la estrella se puede considerar un horizonte de sucesos. En realidad nunca se alcanzará este estado pues el tiempo tiende a detenerse a medida que se deforma el espacio-tiempo, de forma que la materia que se colapsa tiende a no avanzar nada de espacio ni siquiera hacia el centro de la estrella.

El colapso hasta la situación de equilibrio tardaría así un tiempo infinito y el gráfico es entonces asintótico hacia dicha posición de equilibrio.

Aquí un rayo de luz emitido por la estrella "casi congelada" tardaría un tiempo "casi infinito" en salir de allí y llegar a un observador externo.

El agujero negro no llegaría a formarse en realidad nunca, sino que sería la tendencia asintótica del colapso estelar, y por supuesto no se colapsaría hacia un punto. Sería un **agujero negro en eterna formación**.

31- AGUJEROS EN ETERNA FORMACIÓN, AGUJEROS NEGROS PRIMIGENIOS, AGUJEROS DE GUSANO, ESFERA FOTÓNICA, RADIACIÓN DE HAWKING Y OTROS

Cuando una estrella se colapsa al romperse el equilibrio de presiones, su radio disminuye hasta...... ¿hasta un punto?

Puede que sí o puede que no.

A medida que se colapsa tenemos que el radio disminuye mientras la masa se mantiene, con lo que los cálculos nos dicen que el tiempo va frenando su transcurrir y el espacio tiempo se deforma de modo que la velocidad de caída de un cuerpo no es como nos indica la mecánica newtoniana sino como vimos en el capítulo 23 frenándose esa caída hasta detenerse en el radio de Schwarzschild.

Así hemos planteado en capítulos anteriores la posibilidad de que puede frenarse el colapso mismo de la estrella. A medida que la densidad aumenta tendremos que el colapso se hace más lento de lo previsible, en una curva que tiende a la detención de dicho colapso. (Podemos ver más modelos gráficos similares en el apartado anterior *gráficos de una estrella colapsando*).

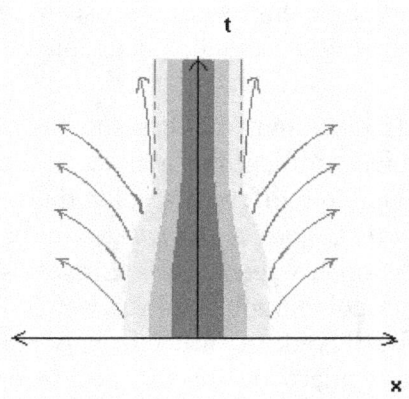

El agujero negro nunca llega a formarse y permanece en un estado de eterno colapso cada vez más lento y **en eterna formación**, "impostores de agujeros negros" sin llegar nunca a formarse del todo. Esta es al menos la apariencia que tendría el agujero negro visto desde lejos, pero debemos tener en cuenta que con una elección adecuada de coordenadas, poniéndolas en el objeto que cae, no hay detención alguna del tiempo ni singularidad alguna, y desde este punto de vista un horizonte de sucesos solo será una ilusión según algunos físicos.

Pero entonces ¿existen los agujeros negros?

Una posibilidad es que hayan existido siempre. Que desde el Big Bang queden restos del huevo primigenio que sigan existiendo en forma de agujeros negros. Serían los **agujeros negros primigenios**, existentes desde el principio del tiempo. Estos agujeros negros puede que absorbieran más materia después, y esta materia estaría en un estado de permanente y eterna caída hacia el agujero negro, tratando de unirse a él pero sin conseguirlo nunca, pues se detiene su caída al detenerse el tiempo en el horizonte de sucesos.

Estos agujeros negros primigenios son conceptos teóricos cuya existencia es de imposible demostración pero que podrían explicar la materia oscura si se demostrara que dicha materia oscura es una trama de pequeños agujeros negros distribuidos uniformemente por la galaxia.

El estudio de conceptos matemáticos compatibles con la teoría de la relatividad general, sean o no sean físicamente concebibles, ha dado y da lugar a muchos conceptos e ideas nuevas e interesantes.

Una de estas ideas matemáticas son los agujeros de gusano. En principio podemos imaginar la existencia de varios universos paralelos funcionando a diferentes velocidades temporales, o mejor en *diferentes instancias temporales*, y conectados por un agujero de gusano. Son los **puentes de Einstein-Rosen**[32] pensados por Einstein y su colaborador Nathan Rosen en los años veinte. Esto también fue llevado a otro extremo por *John A. Wheeler* pensado que un agujero de gusano podría unir dos puntos del mimo universo. Wheeler bautizó a estos conceptos matemáticos como **agujeros de gusano**.

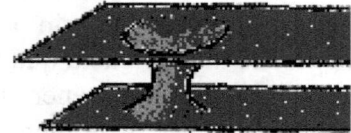

También se ha pensado en **máquinas del tiempo** poniendo una estrella de neutrones en una boca de un agujero de gusano para frenar el tiempo creando un diferencial de tiempo entre un extremo y otro. Podemos leer un artículo de Paul Davis en Scientific American de septiembre de 2002 y también su libro *"How to Build a Time Machine"*[33]. Como en la cercanía de la estrella de neutrones el tiempo transcurre más despacio se irá acumulando retraso temporal en la boca cercana a la estrella de neutrones respecto al otro extremo del agujero de gusano, y se podría viajar de una boca del agujero que estuviera, por ejemplo, en el año 2500, a otra que por el freno temporal todavía estuviera en el año 2450. De todos modos en mi opinión eso no sería un viaje temporal sino un viaje de una zona con ritmos temporales elevados a otra con ritmos temporales más lentos; no diferente a viajar de un planeta de alta gravedad a otro de baja.

Otra idea interesante que se baraja es la de los **impostores de agujeros negros**, sin singularidad, **con energía oscura en su interior**[25] (de tipo materia exótica) que además creciera con la expansión del universo. Serían **agujeros negros primordiales remanentes en coexpansión con el universo** y que podrían explicar la energía oscura del universo y por qué no la encontramos; porque está dentro de los agujeros negros.

Otro concepto, no tan teórico sino más bien realista, es la llamada **"esfera fotónica"** de un agujero negro. La esfera fotónica es una región especial alrededor de un agujero negro donde la gravedad es tan fuerte que la luz puede orbitar alrededor del agujero negro en trayectorias circulares estables. Esta región es también conocida como la **órbita estable** más cercana (*innermost stable circular orbit, ISCO*) o la órbita de la esfera fotónica.

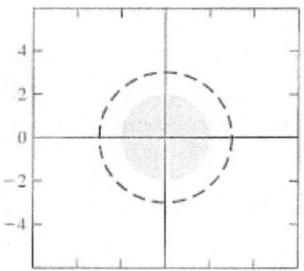

La esfera fotónica está ubicada justo fuera del horizonte de sucesos y es **3/2 el radio de Schwarzschild** ($r_s=2GM/c^2$), o sea **$3GM/c^2$**,

---

Derivación del radio fotónico:

A partir de la métrica de Schwarzschild (3.2) para $dr=0$, $\theta=\pi/2$ rad y $d\theta = 0$ queda

$ds^2 = -(1 - 2GM/rc^2)c^2dt^2 + r^2d\phi^2$

con $ds^2=0$ para los fotones tenemos

$(d\phi/dt)^2 = (1 - 2GM/rc^2)c^2/r^2$

cantidad que será máxima para órbita estable, y por lo tanto su derivada respecto a r será =0. Así

> $d/dr[(1 - 2GM/rc^2)c^2/r^2] = 0$
> derivando, operando y despejando r
> **$r = 3GM/c^2$**

En principio todo rayo de luz que llegue tangencialmente a dicha distancia desde el centro del agujero negro deberá quedar atrapado en órbita circular alrededor del agujero negro, orbitando allí eternamente a una velocidad que localmente sigue siendo c=300000 km/s aprox. pero visto externamente es inferior (la c_t que calculamos en el capítulo 16, "frenando la luz") y así, si el agujero negro fuera de masa estable, podrían acumularse una gran cantidad de rayos de luz en dicha órbita, formando un casquete: una capa esférica muy fina compuesta por ondas electromagnéticas o fotones, estable y con una inmensa cantidad de energía que se habría ido acumulando a lo largo de los años. Sin embargo, si cae materia o energía en el agujero negro, esta esfera caerá en el agujero y comenzará a formarse otra a un radio algo mayor. De manera similar, si el agujero pierde energía debido a la radiación de Hawking, el agujero encogerá y la luz de la esfera fotónica escaparía de esta y se emitiría hacia el exterior, y con el tiempo se formaría otra más cerca del agujero.

La **radiación de Hawking** es una teoría propuesta por Stephen Hawking[34] en 1974. Según esta teoría, los agujeros negros no son completamente "negros" y emiten radiación térmica debido a efectos cuánticos cerca de su horizonte de sucesos, la región a partir de la cual nada puede escapar. Se basa en el principio de incertidumbre de Heisenberg, que establece que la posición y la cantidad de movimiento de una partícula no pueden conocerse con precisión exacta al mismo tiempo y esto implicaría que en el vacío cuántico, pares de partículas y antipartículas virtuales pueden aparecer y desaparecer continuamente.

Cerca del horizonte de sucesos de un agujero negro, una de estas partículas de estos pares virtuales puede ser capturado por la gravedad del agujero negro, mientras que la otra partícula puede escapar al espacio exterior. Esto da como resultado la emisión neta de partículas y energía desde el agujero negro, lo que se conoce como radiación de Hawking. Así el agujero negro podría ir perdiendo energía y por lo tanto masa con el paso del tiempo si no recibe aportes exteriores de energía-masa.

Hawking teorizó que estos pares generados serían más bien fotones y "antifotones" virtuales, desapareciendo en el agujero los "antifotones". Ambos serían principalmente de una longitud de onda similar al radio del horizonte de sucesos, de modo que los agujeros negros de menor masa emitirían fotones de menor longitud de onda y por lo tanto mayor frecuencia y mayor energía, y entonces emitirían más energía que los grandes. Los **"antifotones" virtuales** tendrían **energía negativa** y harían disminuir el tamaño del agujero negro al caer en él. Así los agujeros negros pequeños podrían ir disminuyendo de tamaño hacia **mini agujeros negros** y seguir hasta, usando las palabras de Hawking, **evaporarse** con el tiempo.

32- AGUJEROS EN ROTACIÓN (DE KERR)

Como comentamos en el capítulo 22 la métrica correspondiente a una masa gravitatoria en rotación fue estudiada por **Roy Kerr** en 1963.

$$c^2 d\tau^2 = \left(1 - \frac{r_s r}{\rho^2}\right) c^2 dt^2 - \frac{\rho^2}{\Delta} dr^2 - \rho^2 d\theta^2$$
$$- \left(r^2 + \alpha^2 + \frac{r_s r \alpha^2}{\rho^2} \sin^2 \theta\right) \sin^2 \theta \, d\phi^2 + \frac{2 r_s r \alpha \sin^2 \theta}{\rho^2} c \, dt \, d\phi$$

Métrica de Kerr (3.23)

De acuerdo con esta métrica, el espacio debe mostrar un arrastre en su rotación por parte del objeto masivo que crea el campo gravitatorio, apareciendo el llamado **"frame dragging"** que comentamos en el capítulo 22, de modo que un objeto en las cercanías de astro rotando debe experimentar un efecto de arrastre alrededor de este.

Se puede visualizar este efecto como inevitable si pensamos en un objeto justo en el horizonte de sucesos de un **agujero negro en rotación**. Allí el objeto se verá con su tiempo detenido y su movimiento detenido respecto al agujero negro con lo que se detendrá respecto al horizonte de sucesos. Así esa detención respecto al horizonte de sucesos en rotación implica que rote inevitablemente junto con él. Este efecto será menor a medida que el objeto esté más lejos del horizonte de sucesos pero presente tendiendo rápidamente a cero al alejarse del agujero negro.

Un agujero negro en rotación tiene el mismo horizonte de sucesos, o límite estático, que el agujero de Schwarzschild, pero tiene otro límite u horizonte interesante llamado ergosfera o ergosuperficie, que se puede imaginar como el lugar donde la velocidad de rotación del espacio arrastrado es igual a la velocidad de la luz tangencial (ver capítulo 16, "frenando la luz") a la rotación del agujero, que corresponde a ese lugar. Así una vez traspasada la ergosfera la velocidad de arrastre del espacio es mayor que la velocidad que calcularíamos para la luz para esos puntos si el agujero no estuviera rotando.

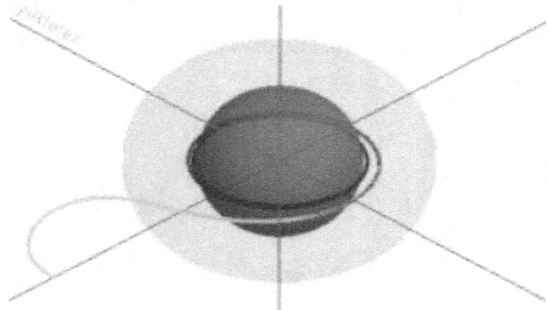

cuerpo cayendo en la ergosfera, en gris, es forzado a cambiar de dirección por la rotación del agujero negro.

Un cuerpo que atravesara la ergosfera no podría moverse en dirección opuesta al giro del astro, pues el arrastre del espacio supera la velocidad de la luz en ese sitio. Evidentemente en el horizonte de sucesos un rayo de luz tendría la velocidad de giro de ese horizonte de sucesos en vez de la correspondiente a un agujero negro sin rotación que sería cero.

Un objeto que se acercara a un agujero negro en rotación se vería arrastrado y acelerado por el "frame draging", lo que ha servido para imaginar un modo de **extraer energía** de la rotación del astro, el llamado "proceso de Penrose[35]", pues a efectos prácticos el agujero negro le ha suministrado parte de su energía de rotación a ese objeto que penetra y sale de la ergosfera.

Todo esto es para el caso de un agujero negro ya formado y en rotación pero cabe la posibilidad de que durante el proceso de formación y colapso de una estrella hacia un agujero negro, igual que incluso un rayo de luz llega a tener velocidad cero en su caída y también la materia colapsando puede pasar a tener velocidad cero (capítulo 29), y por lo tanto se detenga tanto el proceso de formación del agujero como su rotación en el proceso de colapso, de modo que *nunca existirían agujeros negros en rotación*, al menos los formados por colapso de estrellas y desde el punto de vista de un sistema de referencia distante, pero esto es solo especulación.

SECCIÓN 5: COSMOLOGÍA

33- INTRODUCCIÓN

La cosmología es una rama de la astronomía y la física teórica que estudia el origen, la evolución y principalmente la estructura del universo en su conjunto.

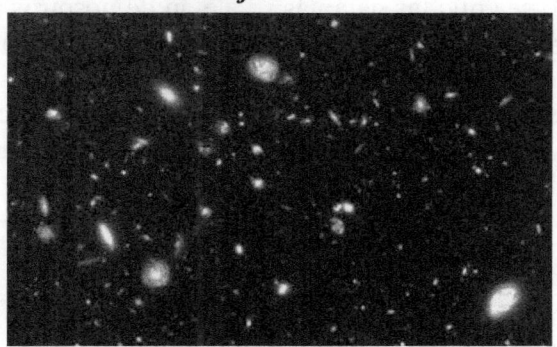

Así la cosmología trata de responder preguntas fundamentales sobre el universo como su origen, su edad, su estructura a gran escala y su destino final. Para este intento la cosmología se basa en las observaciones astronómicas y en la física, y la cosmología moderna necesita el uso de la teoría de la relatividad general de Einstein. Aquí vamos a tratar introducir a la cosmología, primero sin usar la relatividad y por ello desde un punto de vista newtoniano y luego entramos un poco en el punto de vista relativista, dando un tratamiento un poco más profundo a las cuestiones que planteamos pero intentando que la comprensión prime por encima de las ecuaciones y el rigor matemático.

Así hablaremos de la expansión del universo, del Big Bang, la energía oscura, la materia oscura, la radiación cósmica de fondo, etc.

Para empezar veremos en el siguiente capítulo lo que Hubble descubrió y algo más.

34- LA EXPANSIÓN DEL UNIVERSO, el Big Bang y la edad del universo

Una de las principales observaciones astronómicas que hemos de tener en cuenta para entender nuestro universo es la del corrimiento al rojo de la luz, observada en las galaxias lejanas por primera vez por Edwin **Hubble**[36] en los años 20.

Este corrimiento tiene una posible explicación por un efecto Doppler, o sea que las galaxias se alejan de nosotros y esto produce ese enrojecimiento de la luz emitida por las galaxias lejanas. Las observaciones de las galaxias relativamente cercanas nos llevan a la conclusión de una velocidad de alejamiento directamente proporcional a la distancia a la que se encuentran. Se trata de **la expansión del universo**.

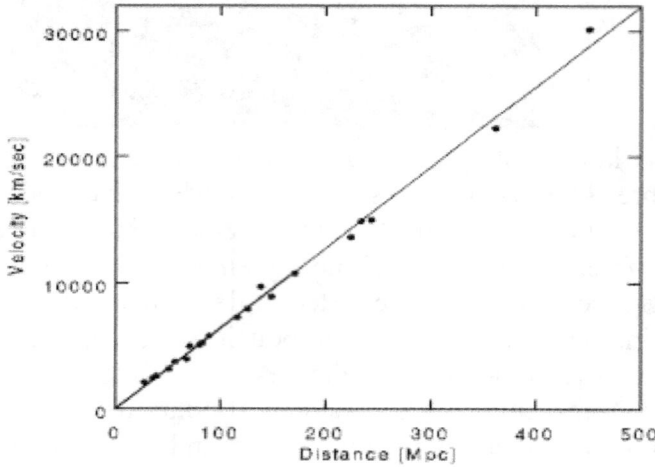

Entonces podemos establecer una relación de proporcionalidad directa entre velocidad de alejamiento y distancia según la función

$$V=HD \qquad (5.1)$$

donde

V = velocidad de separación

D = distancia entre galaxias

H = constante de proporcionalidad de Hubble.

Con el gráfico de arriba, dividiendo velocidad entre distancia, se puede obtener un **valor de H** de alrededor de **64 km s^{-1}Mpsc^{-1}** pero hay que tener en cuenta un gran margen de error en las estimaciones de la distancia pues esta es obtenida por medición de la luminosidad de estrellas estándar identificables en las galaxias vecinas. Después de varios ajustes con el transcurso de los años, se aceptó valores entre 50 y 80, y con mediciones posteriores más precisas se ha ido ajustando este valor a partir de las mediciones desde satélites como el Hubble, el Spitzer, WMAP y el Planck.

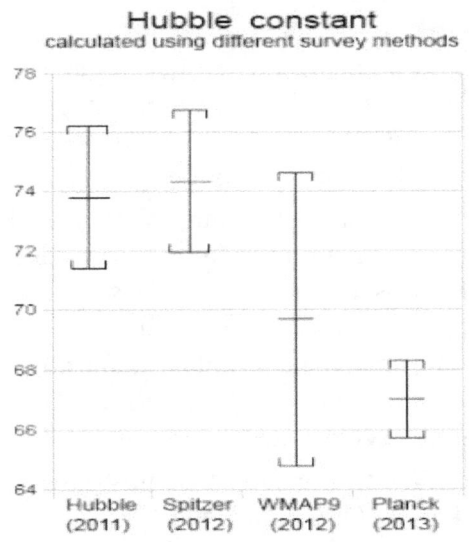

Bucher, P. A. R.; et al. (Planck Collaboration) [37]

Los cálculos del Hubble y el Spitzer son basados en mediciones de distancias y corrimientos al rojo, al estilo Hubble, mientras los del WMAP y Planck son en base a observaciones del fondo de microondas y aplicando a ellas el modelo ΛCDM, el modelo estándar de evolución del universo, y calculando cual debería ser el valor de H para el momento actual. Los valores del Planck y posteriores se consideran más precisos que los del WMAP de 2012 y entran en contradicción con los valores del Hubble y el Spitzer. Un valor de H de unos **67** para los cálculos basados en las anisotropías medidas del **fondo de microondas,** mientras que es de unos **74** según mediciones de **distancia y velocidad observando supernovas**. Esta discrepancia es la llamada "tensión de Hubble" y es uno de los grandes dilemas cosmológicos de la actualidad, discutiendo los diversos equipos de estudio sobre si los cálculos de los otros son erróneos o si el modelo ΛCDM es incorrecto.

La teoría dominante para explicar la expansión del universo es la del **Big Bang**, que supone que en el pasado toda la materia del universo estaba concentrada en un punto o **huevo primigenio** (propuesto por Georges Lemaitre en 1931) que explotó, y de ahí la expansión.

Respecto a esta expansión se piensa que la atracción gravitatoria entre las galaxias podría frenar esta expansión hasta pararla e incluso llegar a un **"big crunch"** o colapso total de universo al cual podría seguir tal vez otro Big Bang.

A partir del valor de H podríamos calcular el tiempo transcurrido desde el Big Bang con relativa facilidad dividiendo la distancia D a la que observamos las galaxias actuales entre la velocidad V a la que se alejan, que es justo el inverso de la constante de Hubble, aunque esto es una simplificación muy grande pues supone que H sea constante en el tiempo, que la velocidad de expansión se mantiene con el tiempo.

Así, con esta simplificación tenemos para los dos valores en discusión de H, 67 y 74, y para H=71.

1/67 s.Mpc/km = 4,61 . 10^{17} s = **14600** millones de años

1/74 s.Mpc/km = 4,17 . 10^{17} s = **13200** millones años

1/71 s.Mpc/km = 13800 millones de años

(NOTA: Mpc = mega pársec = 3,086 . 10^{19} km= 3,262 . 10^{6} años luz)

Esta sería la antigüedad o edad de nuestro universo calculada a partir de la recesión de las galaxias si el ritmo de expansión fuera constante, que depende de cual sea el valor correcto de H, pero si suponemos que la atracción gravitatoria entre las galaxias ha ido frenando la expansión esta edad será menor y tendríamos que la constante de proporcionalidad de Hubble varía con el tiempo. Así el valor de H hallado a partir de las velocidades de recesión de las galaxias próximas a nosotros debería indicarse como **H_0 en vez de H. Con el modelo ΛCDM con H variable y $H_0 = 67$ se deduce unos 13800 millones de años de antigüedad para el universo,** según los resultados publicados por el equipo del Planck en 2020 [43].

Existen otros medios para el cálculo de la antigüedad del universo como a partir de la evolución de las estrellas más viejas, pero el más usado es el de la expansión con modelo ΛCDM, también denominado "modelo estándar".

Otro concepto interesante a la hora de hablar del universo es el de **universo observable**. Tengamos en cuenta que la luz que nos llega desde una galaxia lejana situada a 10000 millones de años luz fue emitida por esta galaxia hace 10000 millones de años. Así si consideramos que el universo existe desde hace un tiempo limitado, tenemos que la luz que observamos en el cielo no puede haber sido emitida antes de ese tiempo. Por ello se puede hablar del **universo observable** como la distancia máxima que podemos observar ya que más allá estaríamos observando objetos de antes del Big Bang.

Esta **distancia máxima observable** será: Dmax = c/H_0 = **13800 millones de años luz,** aceptando la antigüedad del universo del modelo estándar como válida.

De todos modos debemos tener en cuenta que dicha distancia observada no es la distancia real actual, ya que lo que observamos es la galaxia hace millones de años, y debido a la expansión del espacio los objetos pueden estar en la actualidad muchos más lejos.

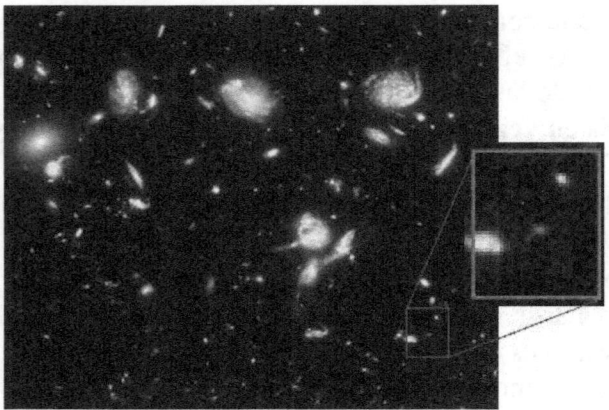

El telescopio espacial Hubble enfocó regiones del espacio aparentemente vacías y negras, y después de muchos días de exposición obtuvo unas bellísimas fotos de galaxias muy lejanas, entre las cuales se distinguen unas cuantas pequeñas galaxias rojas, color que deben a un corrimiento al rojo tan elevado que se calcula por la ley de Hubble que su luz fue emitida hace unos 13000 millones de años. (foto recortada de foto cortesía de la NASA).

35- EL DESPLAZAMIENTO AL ROJO DE LAS GALAXIAS, "redshift" z y la relatividad

Lo que se observa al analizar el espectro de la luz recibida por nosotros de las galaxias lejanas no es directamente su velocidad sino un desplazamiento al rojo de la longitud de onda emitida por la galaxia, respecto a la luz que podemos observar en galaxias cercanas o la nuestra propia. Este desplazamiento al rojo es de suponer en principio que es provocado por un efecto Doppler y por ello se piensa que las galaxias se alejan y el universo se expande.

Pero **¿Quién se aleja?** ¿La otra galaxia de nosotros o nosotros de la otra galaxia? y **¿A que velocidad?** La ecuación del efecto Doppler sería diferente según un caso u otro (capítulo 13 sobre efecto Doppler), pero si usamos la fórmula relativista para el efecto Doppler (2.49)

$$f = f_o \sqrt{\frac{1+\frac{v}{c}}{1-\frac{v}{c}}} \qquad (5.2)\ (2.49)$$

y sustituimos v por -v al tratarse de alejamiento en vez de acercamiento, tenemos que

$$f = f_o \sqrt{\frac{1-\frac{v}{c}}{1+\frac{v}{c}}} \qquad (5.3)$$

resulta que no importa quien se aleje de quien (por algo se le llama relatividad) ya que la expresión que antes era f_o/f coincide con la que ahora es f/f_o.

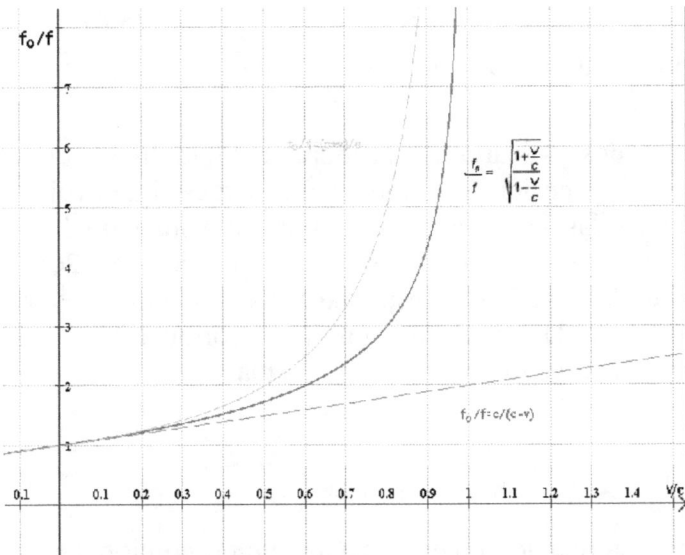

Copiado del capítulo 13, vemos aquí los tres tipos de efecto Doppler representados gráficamente, los dos clásicos y el relativista. En el relativista, curva central, vemos que al acercarse la velocidad a la de la luz (v/c acercarse a 1), la relación entre f_o y f tiende a infinito.

No se suele indicar en los gráficos actuales cosmológicos la relación f_o/f sino el **parámetro z**, también llamado simplemente **"desplazamiento al rojo"** o *"redshift"*. Se define así z de una línea espectral como la diferencia entre las longitudes de la onda observada (λ_o) y la supuestamente emitida (λ_e) en unidades de la longitud de onda emitida, de modo que

$$1 + z = \lambda_o/\lambda_e = f_e/f_o \qquad (5.4)$$

Así, por ejemplo, si la longitud de onda observada es el doble de la esperada, z valdrá 1 y significa que la longitud de onda es un 100% más de lo esperado.

Si despejamos z

$$z = (\lambda_o - \lambda_e)/\lambda_e \qquad (5.5)$$

tenemos que z es también la diferencia entre las longitudes de onda en unidades de la longitud de onda emitida.

Además tenemos que según el efecto Doppler en la mecánica clásica

$$\lambda_o/\lambda_e = (c+v)/c = 1+v/c \qquad (5.6)$$

y por lo tanto $\quad z = v/c \quad$ y $\quad v = cz$

lo que nos indicaría una proporcionalidad directa entre z y la velocidad de recesión, y también a que si z es alta la velocidad de recesión de las galaxias superaría la velocidad de la luz (por ejemplo para z=2 le correspondería una velocidad 2c), pero **si aplicamos la relatividad especial** y usamos la expresión relativista del efecto Doppler (ver capítulo 13 fórmula 2.49), en vez de la clásica, la situación se ve de otra forma:

$$z = \frac{\lambda_o}{\lambda_e} - 1 = \sqrt{\frac{1+\frac{v}{c}}{1-\frac{v}{c}}} - 1 \qquad (5.7)$$

Ahora la relación no es directamente proporcional entre z y la velocidad a la que se aleja una galaxia, como podemos ver en el siguiente gráfico,

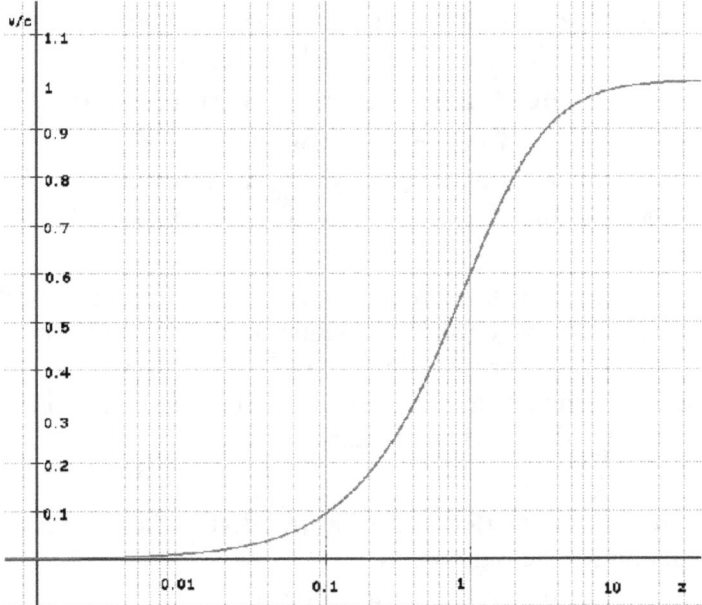

donde tenemos representada la velocidad en unidades luz (v/c) respecto a z en escala logarítmica y se puede ver que no es una línea recta.

Así, para v tendiendo a c nos da un z tendiendo a infinito. Es decir, la velocidad nunca superaría la velocidad de la luz. Pero aún así no está claro que la RE se pueda aplicar para este fenómeno de alejamiento entre galaxias con z muy alta pues puede que sólo sea aplicable la RE localmente y no a nivel de espacios intergalácticos expandiéndose. Según muchos autores debemos considerar el universo como un globo hinchándose de modo que las galaxias se "alejan" por crecimiento del espacio intergaláctico y no por una verdadera velocidad. Se trata del **"Paradigma del espacio en expansión"** que trataremos en el capítulo siguiente.

Y volviendo a la Ley de Hubble y la relatividad, desde un punto de vista relativista la Ley de Hubble para la velocidad de recesión de las galaxias sólo sería válida para velocidades pequeñas, no relativistas, pues se pierde la proporcionalidad al aumentar la velocidad. De hecho Hubble planteó su "Ley" relacionando distancia con el desplazamiento al rojo y no con la velocidad de recesión. Esta relación se "inventó" más tarde.

Así la **Ley de Hubble** quedará $z = H_z\, D$ en vez de $V = H\, D$

Con este punto de vista tenemos que lo recomendable a la hora de exponer los datos de recesión de galaxias no es indicar la velocidad a la que se alejan sino el factor z para medir dicho desplazamiento.

En los gráficos modernos no se suele representar la velocidad de recesión sino z, y así se consigue que cuando observamos los gráficos que nos proporcionan los investigadores no tengamos que preguntarnos si habrán calculado bien las velocidades o no, ya que no nos dan las velocidades.

Pero ¿Como se determina a que distancia se encuentra dicha galaxia respecto a nosotros?

Normalmente se realiza esta determinación a partir de la luminosidad observada de la galaxia, o mejor a través de la luminosidad de algún tipo de estrella identificable. Las "candelas estándar" usadas son las estrellas Cefeidas, un tipo de estrella pulsante de cuya frecuencia se puede deducir su luminosidad, y las supernovas tipo 1A, un tipo de supernova que surge cuando una enana blanca crece al robar materia a una estrella vecina hasta el límite de Chandrasekar (ver capítulo 25) y que tienen siempre el mismo brillo. A menor luminosidad mayor distancia y así, combinando datos de un tipo de astro con los de otro tipo se cre al llamada "escalera cosmológica" usada para calcular distancias en función de z de galaxias.

Pero esa distancia observada no es en realidad la distancia actual a la que se encuentra la galaxia, pues se ha ido alejando desde entonces, e incluso se podría decir que tampoco podemos asegurar que es la distancia a la que se encontraba entonces. Simplemente es la distancia que ha recorrido la luz desde el instante en que se emitió hasta nuestros días.

A la hora de la verdad lo que se mide es la "**magnitud**" del astro observado como medida visual de brillo, de modo que a menor brillo mayor magnitud (por ejemplo el Sol tiene magnitud

-26,5 y Sirio -1,6 y muchas galaxias lejanas entre 14 y 26; las estrellas más brillantes del firmamento son de magnitud uno por definición de magnitud) habiendo una relación exponencial entre la magnitud y la distancia (según la ley de Fechner la sensación visual crece en progresión aritmética al aumentar la intensidad lumínica en progresión geométrica). Esta magnitud es la que se usa en las escalas de los gráficos modernos en lugar de indicar la distancia, y por su carácter exponencial se suele representar el valor de z en escala logarítmica para que una proporcionalidad directa entre la distancia y el desplazamiento al rojo (z) se represente en estos gráficos como una línea recta de pendiente positiva.

A continuación podemos ver unos gráficos recientes del *Supernova Cosmology Project*[16] con z en eje de abscisas y la magnitud en el de ordenadas.

Podemos ver que la nube de puntos puede ser aproximada bastante bien a una recta, que indica una relación exponencial entre magnitud y desplazamiento al rojo, o lo que es lo mismo, una **proporcionalidad directa entre distancia y desplazamiento al rojo, tal y como indica la fórmula $z = H_z D$.**

Hubble Plots

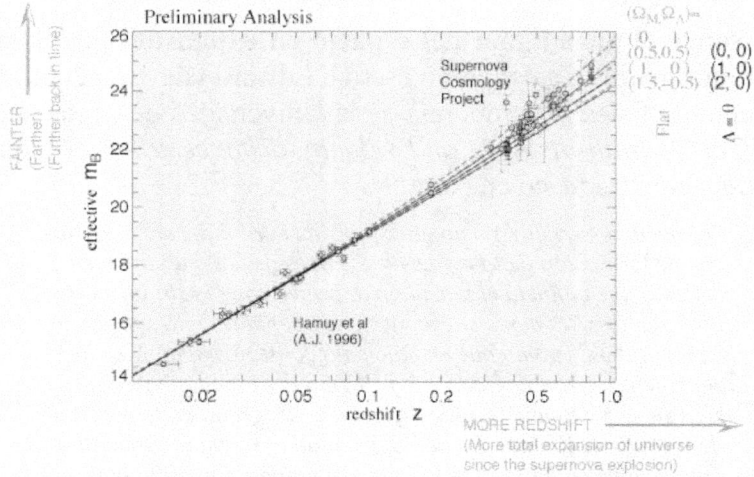

Gráfico de datos del Supernova Cosmology Project[16], relacionando el grado de magnitud de brillo, que marca la distancia, con el desplazamiento al rojo en unidades z, que nos indica el grado de expansión del universo.

Observando el gráfico se puede concluir que no podemos aplicar la relatividad especial a esta velocidad de expansión, pues es casi una recta y no una curva del tipo del gráfico anterior a este, y esto puede ser una prueba a favor del modelo de espacio en expansión, y así, ese desplazamiento al rojo se ha producido por expansión del espacio, independientemente del efecto Doppler. Tenemos una proporcionalidad directa, o casi, entre distancia y grado de expansión del universo medido por z.

Nótese que no se indica proporcionalidad entre distancia y velocidad sino entre distancia y z como medida del grado de expansión. Una z que indica una velocidad aparente.

36- EL PARADIGMA DEL ESPACIO EN EXPANSIÓN, EL FACTOR DE ESCALA a(t)

Sobre el paradigma del espacio en expansión permítanme citar unos párrafos tal y como escribe Edward Harrison del departamento de física y astronomía de la Universidad de Masachusets en *"The redshift-distance and velocity-distance laws"* [18], que a continuación traduzco en parte:

> *"El paradigma del espacio en expansión surgió durante las etapas de formación de la moderna cosmología... En un influyente artículo que enuncia el paradigma, Eddington (1930) dijo sobre las galaxias: "es como si estuvieran embebidas en la superficie de un globo de goma que es hinchado constantemente".... Como el principio cosmológico, el paradigma del espacio en expansión sirve como una útil idealización consagrada en la métrica de Robertson-Walker. La homogeneidad e isotropía espacial, y la invarianza temporal de la homogeneidad e isotropía implican un espacio preferente (universal) y un tiempo preferente (cósmico). En el marco comóvil, el espacio es isotrópico, los cuerpos en recesión están en reposo, y velocidades peculiares tienen va-*

lores absolutos. (Así la velocidad absoluta del Sol es determinada por la anisotropía dipolar de la radiación cósmica de fondo.) Esta imagen del espacio en expansión y curvo es completamente consistente con la relatividad especial localmente y con la relatividad general globalmente (Robertson 1935; Walker 1936)...
....Las ilimitadas velocidades de recesión de la ley velocidad-distancia requerida por una invariante homogeneidad son totalmente consistentes con la relatividad general. ...
***...En cosmología moderna, el universo no se expande en el espacio, sino que consiste en espacio en expansión.**...*
...En todos los modelos cosmológicos en expansión isotrópicos y homogéneos, la ley lineal velocidad-distancia es la relación fundamental, válida para todas las distancias..."

Hemos visto que por las observaciones se deduce que las galaxias se están alejando entre si, pero **¿Se alejan la galaxias entre si o es el espacio mismo el que se expande?**

Es el planteamiento del **paradigma del espacio en expansión** o **expansión homóloga.** Idea surgida en los años 30 según la cual no se trata de que las galaxias se alejen entre si sino que en realidad están en reposo y es el mismo espacio el que ha crecido, provocando que los fotones emitidos se hayan "dilatado" aumentando así su longitud de onda respecto a la longitud de onda emitida y por lo tanto disminuyendo su frecuencia. Así cualquier fotón que haya sido emitido con una frecuencia f_o será observado con una frecuencia

$$f = f_o / (1+ z) \qquad (5.8),$$

pero entonces z no nos vale para determinar ninguna velocidad de alejamiento, pues no es provocado por efecto Doppler alguno sino por la expansión del espacio. No tiene sentido hablar de efecto Doppler si aceptamos esta teoría, a pesar de que la distancia entre las galaxias aumenta de hecho.

Simplemente z+1 nos indica cuanto se ha expandido el espacio desde que fue emitida la luz que vemos. **z+1 es sólo un factor de escala**. Si z+1 = 2 resulta que la longitud de onda del fotón se ha duplicado desde que se emitió, lo que indica que en ese tiempo 1 cm se ha convertido en 2 cm.

Habitualmente en cosmología se usa así el llamado **factor de escala a(t),** siendo t el tiempo hacia el pasado y siendo $a(t_o)$ el factor de escala o parámetro de expansión en el instante actual (al que suele dársele valor igual a 1, pues habrá cambiado desde 0 a 1 durante toda la vida del universo), que representa el inverso del aumento relativo de la distancia entre objetos con el paso del tiempo. Así

$$1+z = a(t_0)/a(t) \qquad (5.9)$$

y para $a(t_0) = 1$

$$\mathbf{a(t) = (1+ z)^{-1}} \qquad (5.10)$$

Por ejemplo si el espacio se ha duplicado mientras la luz de una galaxia lejana nos alcanzaba, tenemos que $a(t_0)/a(t)=2$ y entonces $1+z=2$ y $z=1$ y $a(t)$ valdrá 0,5. También podemos ver que si $z=0$ $a(t)$ valdrá 1, y si z está entre 0 y -1 $a(t)$ será mayor que cero, es decir, estaríamos mirando al futuro.

Lo mejor entonces es no hablar de velocidades de recesión ni de efecto Doppler y comentar y **estudiar sólo una relación entre distancia y desplazamiento al rojo** (redshift) como factor de expansión del espacio, olvidando de momento si las galaxias se alejan entre si a una velocidad u otra o si esa supuesta velocidad es solo aparente.

Y volviendo al paradigma del espacio en expansión, una pregunta habitual es **¿Por qué no aumenta la distancia entre el Sol y la Tierra por la expansión del espacio?** La respuesta habitual es que los sistemas unidos bajo la fuerza gravitatoria no están en expansión debido a que el efecto gravitatorio local domina sobre la tendencia a la expansión, pero esto es demasiado ambiguo y lleva a confusiones.

La respuesta de la RG más a fondo es que sí, las distancias a escala galáctica e incluso de sistema solar se expanden, pero su efecto es el de una redefinición de las órbitas estables, aunque en un factor tan pequeño que para escalas temporales humanas es despreciable. Así, se obtiene a partir de la métrica FLRW que la dinámica newtoniana de modifica[70], con una tercera ley de Kepler que queda modificada de modo que v^2 es ahora

$$v^2 = \frac{GM}{r} - \frac{\Lambda c^2 r^2}{3}.$$

que relaciona el efecto de la constante cosmológica Λ con la velocidad de rotación, y también se modifica la frecuencia angular kepleriana quedando

$$\omega_\Lambda = \frac{GM}{r^3} - \frac{\Lambda c^2}{3}$$

Estas expresiones reflejan cómo la constante cosmológica afecta la velocidad y frecuencia orbital, pero siguen existiendo órbitas estables, que no se expanden con la expansión del espacio.

Para objetos en órbita alrededor de una masa central, la constante
Λ introduce una corrección que se vuelve más significativa en grandes escalas (como en cúmulos galácticos). Para objetos cercanos (pequeños valores de r), el término asociado a Λ puede ser despreciable, con un valor estimado de $\Lambda \approx 1.1056 \times 10^{-52} m^{-2}$.

Además, para valores muy altos de r, cuando $\Lambda > 3GM/c^2 r^3$, no sería posible una órbita estable y se dispersarían los objetos, como sucede con las galaxias lejanas entre si.

37- MODELOS COSMOLÓGICOS BÁSICOS DE UNIVERSO

Una cuestión que surge a partir del concepto de expansión del universo es **¿Se ha expandido el espacio siempre al mismo ritmo?**

A partir de aquí se han ideado varios modelos posibles para describir nuestro universo. Son los **modelos cosmológicos**, que se plantearon no solo en función de la evolución del factor de escala sino también desde un punto de vista de mecánica gravitatoria, de modo que la atracción gravitatoria entre las galaxias debería hacer que éstas se acercaran unas a otras hasta chocar todas entre si en un "Big Crunch", pero las observaciones de Hubble nos indican que en este momento se alejan entre si. Así vamos a indicar cinco modelos básicos de universo:

1- Si el factor de escala fuera constante y no cambiara a lo largo del tiempo, tenemos el **modelo clásico de Einstein**, elaborado en 1917[41] antes de descubrirse la recesión de las galaxias, en el que Einstein supuso un factor que compensaba la atracción gravitatoria entre galaxias llamado "**constante cosmológica**", con un efecto contrario a la gravedad. Un modelo sin expansión que no coincide con las observaciones.

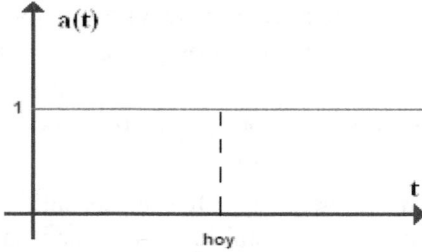

2- Si el ritmo de **expansión** del espacio ha sido **constante** a lo largo del tiempo, a(t) aumenta de modo uniforme al avanzar el tiempo. La gráfica de a(t) es una línea recta de pendiente positiva.

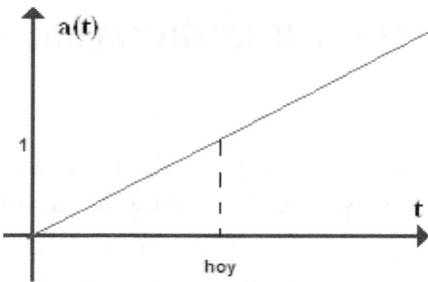

En este caso el espacio se expandiría a ritmo constante independientemente de los efectos gravitatorios entre galaxias y de la energía oscura que pudiera generar repulsión entre galaxias. El caso más simple de expansión constante es el caso de un universo vacío y sin constante cosmológica, ni atracción gravitatoria que frenara ni energía oscura que acelerara la expansión. Otro más complejo sería el de un universo son una presión de energía oscura variable, de modo que la velocidad de expansión sea a ritmo constante.

3- Si el ritmo de **expansión** ha ido **aumentando** a lo largo del tiempo, a(t) aumenta de modo acelerado al avanzar el tiempo. El **modelo de Universo Inflacionario** entraría en este caso.

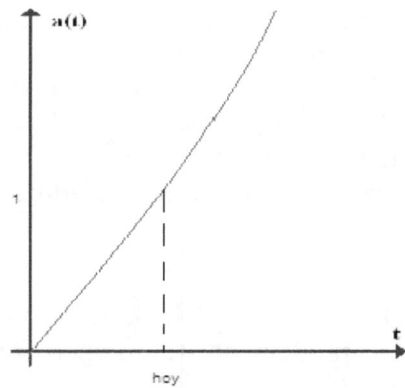

Willem de Sitter planteó en 1917 un modelo de universo equivalente a un universo sin materia y con una constante cosmológica positiva, el **modelo de De Sitter**[42], que tendría un comportamiento similar siendo la curva de cambio de a(t) exponencial al considerarse un universo cuasi vacío y afectado básicamente por la constante cosmológica que provocaría un aceleración en la expansión.

4- Si el ritmo de **expansión** va **disminuyendo** con el tiempo, a(t) va aumentando pero frenándose su ritmo de aumento al avanzar el tiempo.

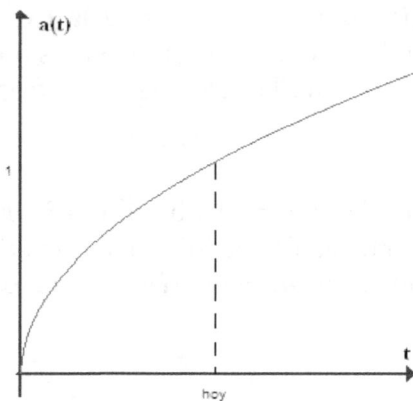

Es el Universo de tipo abierto, o desatado (*"unbound"*) que se expande indefinidamente, que en el modelo gravitatorio tendría una atracción gravitatoria demasiado débil para vencer a la expansión.

5- Si la expansión se frenara lo suficiente podría incluso disminuir en el futuro produciéndose un encogimiento del espacio hacia un *"**Big Crunch**"*.

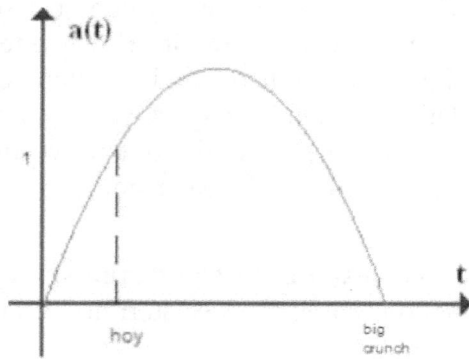

Es un modelo de **universo cerrado** o *"bound"* que desde un punto de vista gravitatorio surge cuando la densidad del universo es lo bastante alta para que la expansión se frene y las galaxias vuelvan a juntarse.

6- El **modelo Einstein-De Sitter**[58], propuesto en los años 30 por ambos, sería un caso particular entre los dos anteriores modelos, en el que la tendencia a la expansión tiende asintóticamente a cero de modo que a(t) tiende a hacerse constante, por una densidad del universo crítica tal que la atracción gravitatoria va frenando la expansión pero si llegar a provocar contracción. En inglés es el universo *"marginaly bound"*. Veamos la superposición de los tres modelos últimos:

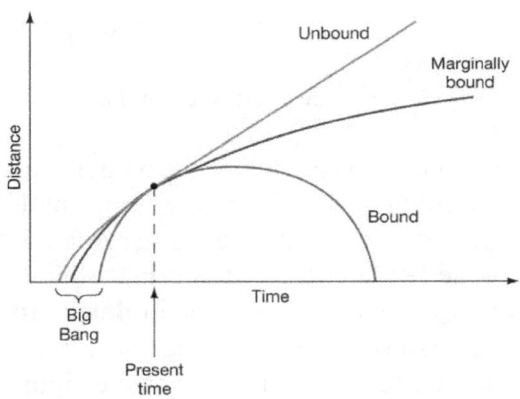

7- Por último también podría ocurrir que el ritmo de variación de la expansión cambie a lo largo del tiempo. Por ejemplo que durante un tiempo el ritmo de expansión disminuya y luego a partir de un instante determinado aumente. Así podemos idear infinidad de combinaciones. El modelo el **modelo Lambda-CDM o ΛCDM** (del inglés: Lambda-Cold Dark Matter) es de este tipo, con efectos gravitatorios que frenan al principio la expansión y con una constante cosmológica, lambda, que no rivaliza con la atracción gravitatoria en las primeras eras pero sí después, y provoca aceleración de expansión, en etapas posteriores.

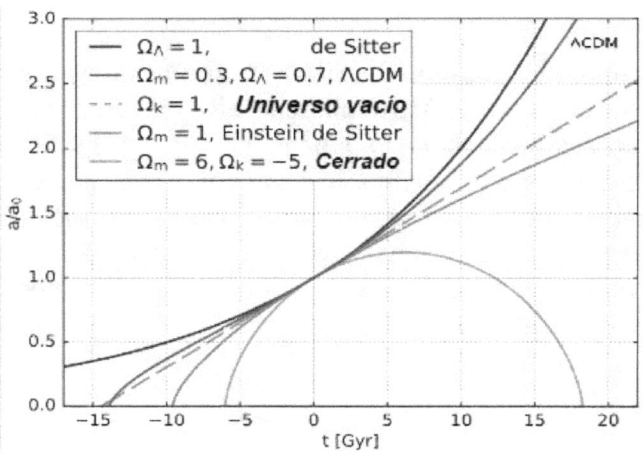

Resumen de modelos cosmológicos.

Desde un punto de vista de universo cuya expansión depende de la atracción gravitatoria y la constante cosmológica, el que se trate de un tipo u otro dependerá de la densidad del universo y de la distribución de la materia en su interior. Si la densidad del universo es mayor que cierto valor llamado **densidad crítica** tendremos que el universo se expande y luego se contraerá, si es menor tendremos que se expandirá sin freno y si es igual a dicha densidad crítica ocurrirá que el universo se expandirá pero su velocidad de expansión se irá frenando tendiendo a valer cero cuando pase un tiempo infinito.

Esta densidad crítica puede ser calculada con facilidad sin necesidad de cálculos relativistas como podremos ver un par de apartados más adelante, pero antes debemos hablar del Principio Cosmológico.

38- EL PRINCIPIO COSMOLÓGICO (PC)

Para el análisis cosmológico se usa habitualmente el **Principio Cosmológico**, que se basa en dos premisas de invarianza espacial a gran escala:

a) El universo es **HOMOGÉNEO**, o sea uniformemente distribuido (galaxias uniformemente distribuidas a gran escala).

b) El universo es **ISÓTROPO**, o sea que estés donde estés en el universo y mires hacia donde mires el universo parece siempre igual (claro está, mirando a las lejanías).

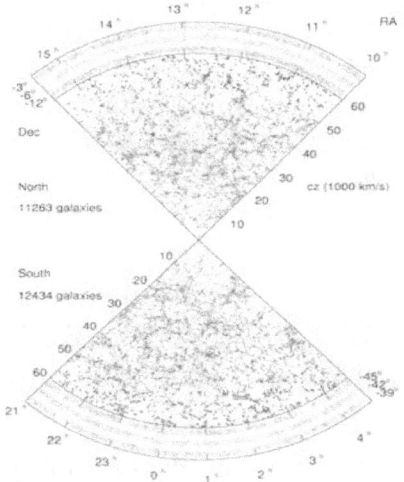

No estamos en un lugar privilegiado. El universo parece igual miremos a donde miremos.

Una de las pruebas que se han encontrado para estas dos propiedades es el descubrimiento de la Radiación Cósmica de Fondo que analizamos en el capítulo siguiente. Esta radiación es uniforme hasta una precisión de una parte por cada 10^5.

En cierto modo este principio es una conclusión lógica, pues ¿por qué hemos de pensar que vivimos en un lugar privilegiado del universo con un aspecto o densidad diferentes al resto? Ya se ha cometido varias veces, a lo largo de la historia humana, el error de considerarnos en el centro del universo. Primero parecía que la Tierra era el centro, luego que lo era el Sol y ahora que lo es nuestra galaxia al ver alejarse a las galaxias lejanas de un modo uniforme y como si estuviéramos en el centro de la expansión.

Pero en realidad estos dos principios no se cumplen al pie de la letra, ya que al estar en nuestra galaxia si miramos hacia el borde galáctico vemos "La Vía Láctea" y se aprecia mayor concentración de estrellas que si miramos hacia otros lados, y además las galaxias se agrupan en racimos formando algo parecido a una tela de araña, no siendo igual mirar hacia una agrupación de galaxias que hacia una región relativamente vacía. Pero si eliminamos de nuestra vista a nuestra propia galaxia y abarcamos con la vista una superficie lo suficientemente grande, tenemos que la densidad de galaxias es bastante similar miremos hacia donde miremos. El principio cosmológico es una aproximación aceptable para cálculos globales.

39- LA RADIACIÓN DE FONDO DE MICROONDAS, SU ANISOTROPÍA y los sistemas de referencia

En 1965 Arno Penzias y Bob Wilson, trabajando con el radiotelescopio de Holmdel, detectaron un exceso de ruido que eran incapaces de explicar. Este exceso de ruido era **isotrópico**, es decir, que no dependía de la dirección en la que la antena fuera apuntada, y esto fue interpretado como una detección de la radiación residual del Big Bang llamada habitualmente Radiación Cósmica de Fondo (RCF) o *Cosmic Microwave Background (**CMB**)* en inglés.

Así en una entrega del Astrophysical Journal de 1965 en la sección de cartas al editor aparecía un breve artículo de Penzias y Wilson[40] anunciando humildemente un exceso de ruido en su antena equivalente a una radiación **isótropa** de 3,5±1 K de temperatura medida a una frecuencia de 4080 Mc/s.

Medidas posteriores de la radiación a diferentes longitudes de onda resultaron consistentes con una distribución de Planck de **cuerpo negro**.

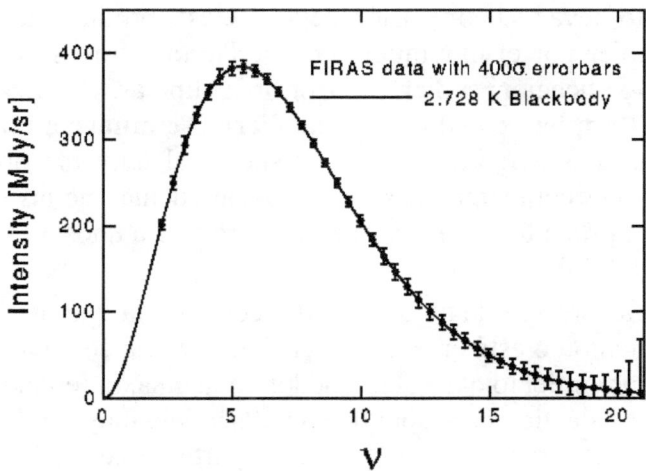

En 1990, gracias al satélite **COBE** (Cosmic Background Explorer), se pudo fijar la temperatura actual de la RCF con mayor precisión en **2,728±0,02 grados Kelvin**.

Si observamos el mapa de datos con detalle en un principio la observación nos indica que este fondo **no es isótropo sino anisótropo**.

Mapa del fondo de microondas (CMB) con anisotropía dipolar

Como podemos ver en la imagen, los datos del COBE produjeron un mapa del cielo observable con una anisotropía dipolar muy ligera. La parte oscura es más caliente y la zona clara más fría, de forma que la escala de grises se ha diseñado para mostrar una variación de -3.5 a +3.5 mK sobre los 2.728 K de media.

Esto lleva a la conclusión de que se está produciendo un efecto Doppler por el movimiento de la Tierra a través del espacio, como explicación a dicha anisotropía dipolar. Analizando este efecto **Doppler** se deduce **que la Tierra se mueve a una velocidad de** unos **370 km/s** [44] con respecto al universo observable. (Para hacer comparaciones tengamos en cuenta que las superficie terrestre gira a 0,46 km/s y que la Tierra gira a unos 30 km/s alrededor del Sol)

Para sorpresa de algunos la dirección en la que producía este movimiento no está en el plano galáctico como se podría suponer por el movimiento del Sol alrededor de la galaxia (en la imagen el ecuador galáctico corresponde con el semieje mayor de la elipse), sino en una dirección casi opuesta. A partir de aquí y la velocidad calculada para el giro del Sol alrededor de la galaxia (unos 230 km/s) se puede hallar vectorialmente **el desplazamiento de nuestra galaxia por el espacio, que es de unos 600 km/s**.

Una teoría en la que se trabaja es que nuestro sistema solar no pertenece realmente a la Vía láctea sino a la galaxia enana Sagitario, que parece que ha sido casi absorbida por la Vía Láctea, o que se formó en la interacción de ambas galaxias y por ello el plano de giro de nuestro sistema solar es diferente al de la Vía Láctea.

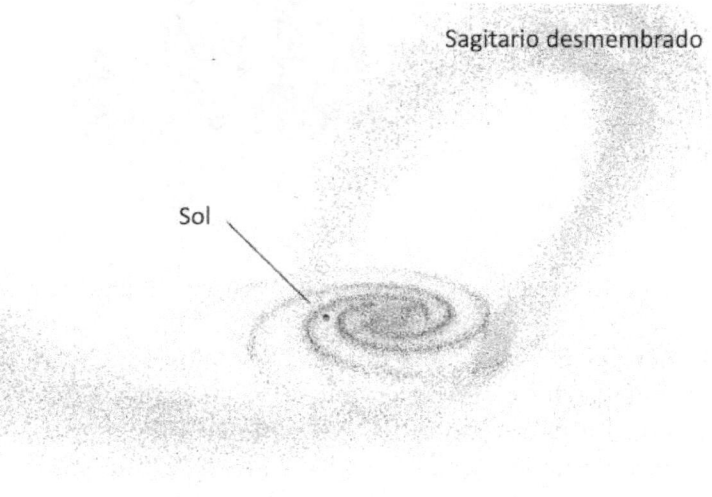

Volviendo al CMB, se podría decir que es el sistema de referencia estándar para la cosmología, pues respecto a este marco la observación del universo es básicamente isótropa. Se podría decir que en cierta manera se trata de un sistema de referencia "privilegiado", lo cual parece ir en contra de la teoría de la relatividad Einstein pero no es así, puesto que siempre podemos decir que es el resto del universo el que se mueve respecto a nosotros. Este el sistema de referencia respecto al cual la expansión del universo parece más simple. Se habla así de movimiento del Sistema Solar con respecto a un **sistema de referencia comóvil** con la expansión del universo.

Como curiosidad, anteriormente al satélite COBE, la NASA en los años 70 había hecho un experimento[45] con la intención de detectar el movimiento del Sol alrededor de la galaxia mediante aviones U2, obteniendo un plano que usando el mismo código de grises que hemos usado con las imágenes del COBE queda como la imagen siguiente de donde se obtuvo que nos estamos moviendo hacia la constelación de Leo (o alejándonos de Acuario) a algo más de 300 km/s. Un poco menor que con los datos del COBE pero dentro del error de los instrumentos de medida de la época.

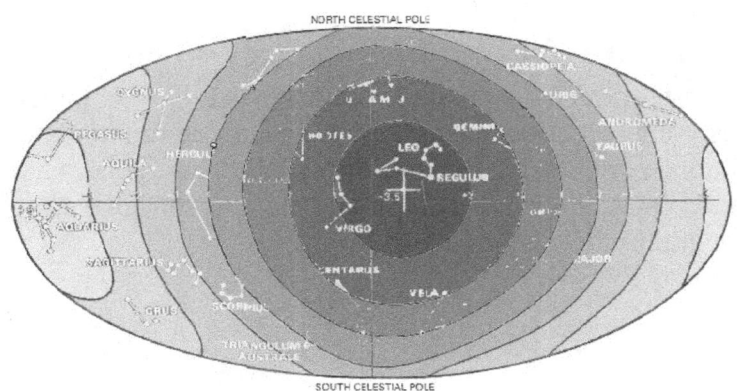

Mapa del CMB según el U2 anisotropy experiment

La imagen del **COBE** vista un par de páginas antes, del fondo de microondas con anisotropía dipolar, es la correspondiente a un ajuste para apreciar diferencias de milésimas de grado.

Si filtramos el efecto Doppler del desplazamiento de nuestro sistema solar (el dipolo), tendremos una imagen uniforme y totalmente isótropa. Pero si además ajustamos la imagen para apreciar diferencias de cienmilésimas tenemos que se aprecia en el ecuador el brillo de nuestra galaxia (oscuro en la imagen), el cual también puede ser eliminado por ordenador. Así se obtienen las siguientes imágenes apreciándose en la segunda la **estructura grumosa y no uniforme del universo extragaláctico** que nos indica una segunda forma de **anisotropía** en la observación del universo profundo.

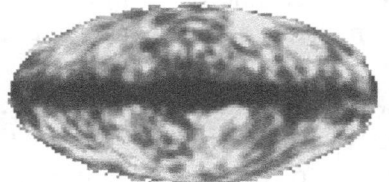 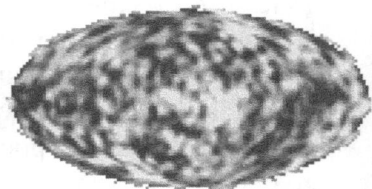

Posteriormente, con el proyecto WMAP[17] se obtuvieron mejores y más precisos mapas de la radiación de fondo de microondas donde se aprecian mejor las irregularidades de la radiación de fondo. Estas irregularidades se supone que son los gérmenes de los cúmulos de galaxias actuales.

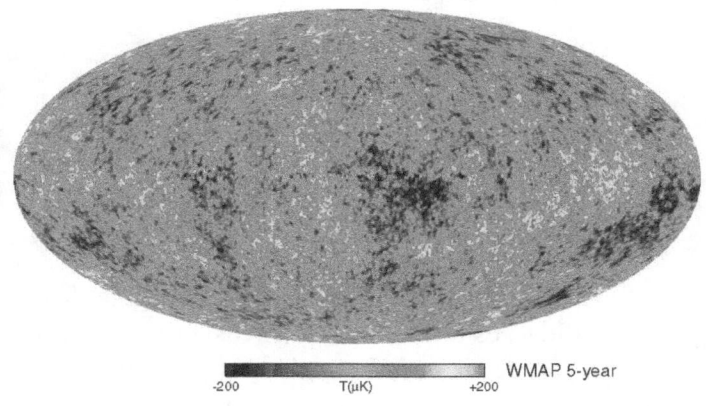

(Imagen del CMB gracias al "WMAP Science Team" [17])

Por otro lado, como hemos comentado, la observación del fondo de microondas nos puede llevar en una primera impresión a pensar en que dicho fondo nos indica un sistema de referencia privilegiado respecto al que nos movemos ligeramente, y que las otras galaxias lejanas, dado que se alejan a gran velocidad de nosotros, deberán detectar más velocidad de movimiento respecto al fondo de microondas. Pero esto es un pensamiento demasiado débil. Pensar que estamos casi en el centro del universo y casi en reposo respecto al resto del universo es algo ingenuo. Así, aplicando en principio cosmológico de isotropía debemos pensar que desde las demás galaxias se debe observar una situación similar. Un relativo reposo de todas las galaxias respecto al fondo de microondas y una temperatura similar de dicho fondo.

Esto nos lleva a un modelo de tipo esfera en expansión ya comentado capítulos atrás con las galaxias fijadas a la superficie de un "globo" en expansión (o mejor a la hipersuperficie tridimensional de una hiperesfera tetradimensional).

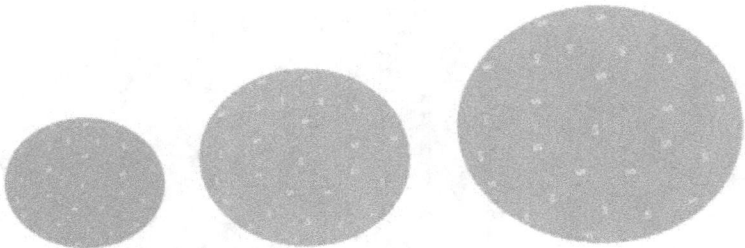

Al inflarse el globo las distancias entre las galaxias aumentan aunque en realidad están en reposo (o casi) respecto a la superficie del globo, respecto al CMB. Todas las galaxias apreciarán que los puntos más lejanos observables del universo se alejarán a la misma velocidad y el fondo del espacio marcará la misma temperatura por corrimiento al rojo para observadores en todas las galaxias. Así tendríamos que cada galaxia cree ser un sistema de referencia privilegiado, pero a la vez podemos definir un **tiempo cósmico** de referencia para todas ellas, para todo el universo. Al menos teóricamente se podría plantear la existencia de un sistema de referencia "privilegiado", es el **sistema de referencia comóvil** a las galaxias el cual nos daría una **visión global del universo**.

40- DEDUCCIÓN DE LA DENSIDAD CRÍTICA y el PROBLEMA DE LA PLANITUD

Al hablar de modelos básicos de universo hemos hablado de una densidad crítica del universo a partir de la cual, si es mayor, con el tiempo el universo colapsaría sobre si mismo en un Big Crunch. Veamos una forma simple de deducir su valor.

Según el Principio cosmológico debemos pensar que cualquier punto del universo es un buen punto para ser considerado como un supuesto "centro", pues desde cualquier punto tendremos las mismas observaciones en cuanto a expansión del universo y densidad. Así podemos tomar como centro un punto C e imaginar una serie de capas esféricas en expansión alrededor de dicho punto. Entre estas capas tendremos un punto P que se aleja de C al mismo tiempo que las capas se expanden permaneciendo así siempre en la misma capa. En esta representación el efecto gravitatorio de las capas externas a P son nulas para todo objeto interior (pues en el interior de una superficie esférica la gravedad es cero), de modo que podemos olvidarnos de dichas capas para nuestro cálculo.

A partir de aquí podríamos deducir que ocurriría para el **caso del modelo Einstein-De Sitter (universo en expansión hacia cero)**.

Para este caso la velocidad alejamiento de una galaxia situada en P respecto a otra situada en C debería ser igual a la velocidad de escape correspondiente a la masa M de la porción de universo comprendido en la esfera de centro C y radio igual a la distancia r de C a P.

El volumen de una esfera es

$$V = \frac{4\Pi r^3}{3} \qquad (5.11)$$

la velocidad de escape de un cuerpo es

$$v_e = \sqrt{\frac{2GM}{r}} \qquad (5.12)$$

Así usando la ley de Hubble (5.1) tenemos v_e=Hr
O sea

$$Hr = \sqrt{\frac{2GM}{r}} \qquad (5.13)$$

elevando al cuadrado ambos miembros y sustituyendo M por densidad por volumen (ρV) queda

$$H^2 r^2 = \frac{2GV\rho_c}{r} \qquad (5.14)$$

(ponemos ρ_c pues en este caso de Hr=Ve la densidad es la crítica)

y sustituyendo V por (5.11)

$$H^2 r^2 = \frac{2G\frac{4}{3}\Pi r^3 \rho_c}{r} \qquad (5.15)$$

y simplificando y despejando obtenemos la **densidad en función de H**

$$\rho_c = \frac{H^2 3}{8\Pi G} \qquad (5.16)$$

Tomando como constante de Hubble (H) un valor de 74 km/s cada Mega pársec (datos de observación de supernovas), tenemos que la densidad para este tipo de universo es de 1,4 . 10^{11} Masas solares/Mpc^3 o 10,3 . 10^{-27} kg/m^3. Esta es la llamada **densidad crítica**, que decide si un universo es de un tipo o de otro, pero evidentemente es un valor en discusión en función de la precisión con que obtengamos previamente el valor de la constante de Hubble..

Se ha estimado la densidad media del universo a partir de las observaciones astronómicas, y la suma de la masa de las estrellas más las nubes de gas nos da sólo un 5 % de la densidad crítica. Sin embargo la observación del equilibrio de las estrellas girando alrededor de una galaxia y de galaxias girando unas alrededor de otras en cúmulos galácticos hace que se sospeche de la existencia de una gran cantidad de **materia oscura** que colabore al equilibrio gravitatorio.

El movimiento de las estrellas en las galaxias sugiere la presencia de **materia oscura**. Según las leyes de la gravitación de Newton y las leyes de Kepler, las estrellas más alejadas del centro galáctico deberían moverse más lentamente que las cercanas. Sin embargo, las observaciones en los años 70 mostraron que las estrellas exteriores mantienen velocidades casi constantes, independientemente de su distancia al centro. Esto no puede explicarse solo con la materia visible, ya que no hay suficiente masa visible para generar la gravedad necesaria que explique esas velocidades. La materia oscura es la explicación más aceptada para este fenómeno.

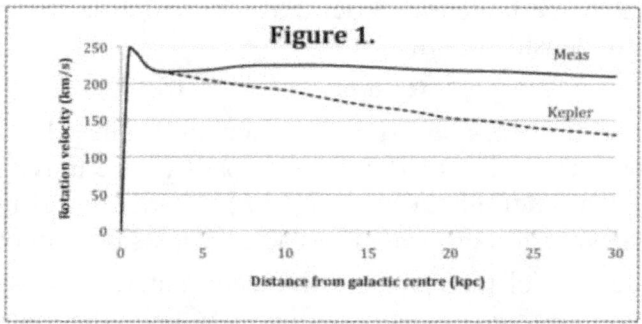

Figure 1.

Aún así la suma total de materia sería de un 10 % de la necesaria para alcanzar la densidad crítica. A pesar de estos cálculos se piensa que **la densidad del universo debe ser muy cercana a la densidad crítica** debido a que si fuera tan solo una billonésima parte mayor no habría llegado nunca a haber las distancia que existe actualmente entre galaxias y ya se habría contraído y colapsado, mientras que si fuera inferior la distancia entre galaxias sería mucho mayor a la actual y sería un universo extremadamente disperso.

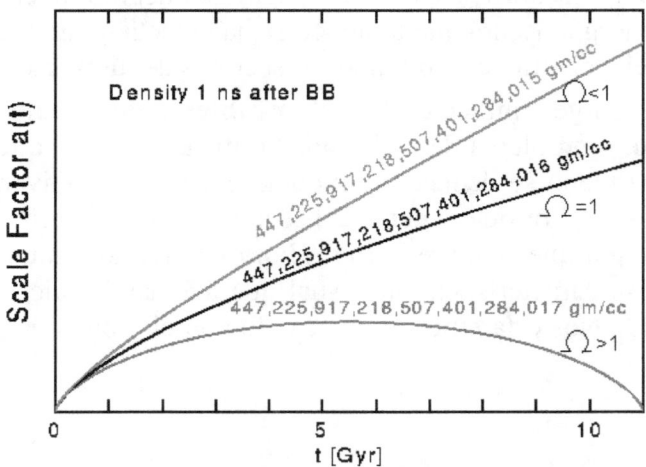

Ned Wrigth [14] nos ilustra en su magnífico tutorial sobre la pequeña diferencia de densidad necesaria para decantarnos por un modelo u otro.

Introduzcamos aquí el símbolo Ω (**parámetro de densidad**) para hablar de la densidad del universo, como la fracción densidad entre densidad crítica.

$$\Omega = \rho/\rho_c \qquad (5.17)$$

Tenemos así que para $\Omega>1$ tenemos que el universo se contraería en un futuro *Big Crunch*, para $\Omega<1$ e universo debería expandirse indefinidamente (*Big Rip*) y para $\Omega=1$ el universo se debería expandir pero deteniéndose su expansión asintóticamente.

Además del razonamiento indicado antes, las observaciones del fondo de microondas como las WMAP[17] dan unas observaciones que coinciden con lo cabría esperar si la densidad total del universo fuera igual a la densidad crítica.

Por ello una hipótesis extendida es que nuestro universo es un universo cuya expansión se va frenando hacia una velocidad cero pero que no llegará nunca a contraerse. El problema es que este tipo es inestable y lo normal sería uno de los otros dos.

Aún no se ha encontrado una explicación clara a esta asombrosa situación, pero se piensa que queda otro 80 % de materia oscura por descubrir. ¿neutrinos? ¿agujeros negros indetectados? Más la energía oscura que tampoco se ha detectado nunca. Poco a poco la ciencia irá descubriendo los secretos del universo.

Aquí surge también el llamado **problema de la planitud del universo**, o problema de la densidad crítica, ya que el que el universo sea plano se deduce del modelo estándar de universo y de su densidad. ¿Por qué la densidad es tan cercana a la crítica, y sobre todo, por qué siempre lo fue? ¿Por qué vivimos en un universo con esa característica tan casual que además implica que sea euclídeo? ¿Nos estaremos equivocando con el modelo de universo?

41- LA ENERGÍA OSCURA, MODELOS DE UNIVERSO SEGÚN DENSIDADES y datos de mediciones

Hemos visto que la densidad del universo es un posible indicador de como evoluciona nuestro universo. Entonces, tenemos que entrar a considerar en la teoría la constante cosmológica de Einstein (Λ), que introdujo para contrarrestar la atracción gravitatoria entre galaxias.

Dicha constante cosmológica se interpreta como una energía desconocida, de ahí lo de oscura, que provocaría una expansión del universo contrarrestando los efectos gravitatorios que llevarían a un colapso del universo sobre si mismo. Así tenemos una supuesta **densidad de energía oscura** que trataría de expandir nuestro universo, también llamada densidad de energía de vacío, Ω_λ (en fracción de la densidad crítica), y además básicamente otro valor para definir el total de energía equivalente de la materia del universo, que sería una **densidad de la materia** Ω_m.

Así, en principio, se supone que la suma de las densidades Ω_m + Ω_λ debe valer 1, de modo que la densidad total del universo sea igual a la crítica. En el modelo estándar se estima alrededor de $\Omega_m = 0,3$ y $\Omega_\lambda = 0,7$

Respecto al valor de Ω_λ no sabemos si existe o no, ni si, de existir, su valor ha sido o no constante a lo largo del tiempo. Pero si suponemos que es una densidad constante, inherente al propio vacío del espacio, tenemos que entonces dado que la densidad de la materia Ω_m ha sido mayor en el pasado, pues el volumen del universo era menor, el efecto expansor de la densidad de energía oscura era vencido por la atracción de la materia y el ritmo de expansión del universo habría tendido a disminuir en esas primeras épocas del universo. Así, según esta hipótesis, en los últimos millones de años, al expandirse el universo, la densidad de materia es menor y el efecto expansor de la densidad de energía oscura superaría al efecto gravitatorio de la densidad de masa, produciéndose un aumento del ritmo de expansión.

Así, para que Ω_λ sea constante también podemos suponer que la densidad de energía oscura ha ido aumentando con la expansión del universo y también tendríamos el efecto inflacionario de la expansión con el tiempo.

Si la densidad de energía oscura hubiera ido disminuyendo con la expansión, tal vez debiéramos esperar no una inflación de la expansión son una deflación, de modo que el ritmo de expansión tenía que haber disminuido.

Las posibilidades son muy variadas, y las observaciones y mediciones a largas distancias en el futuro más precisas deberían darnos una respuesta sobre como es nuestro universo.

Así tenemos que en cosmología en muchos diagramas de Hubble, gráficos de recesión de galaxias, se representan ciertas líneas que corresponden a diversos modelos de universo en función de los valores de estas densidades:

- Universo de Einstein-De Sitter $\Omega_m = 1$, $\Omega_\lambda = 0$ donde la tendencia a la expansión y la atracción gravitatoria están en un punto crítico, a punto de hacer retroceder la expansión.
- Universo cerrado $\Omega_m > 1$, $\Omega_\lambda = 0$
- Universo vacío ($\Omega = 0$) $\Omega_m = 0$, $\Omega_\lambda = 0$ donde sin materia ni presión expansora la expansión del espacio continuaría de modo constante.
- Universo de De Sitter sin materia $\Omega_m = 0$, $\Omega_\lambda = 1$ dominado por la densidad de energía de vacío u oscura.
- Modelo estándar ΛCDM (Lambda-Cold Dark Matter) con unos valores de densidades ajustados a las observaciones de $\Omega_m = 0,27$, $\Omega_\lambda = 0,73$, valores que pueden variar a medida que se aumenta la precisión de las mediciones.

Por ejemplo en este gráfico del *Supernova Cosmology Project* (SCP)[16], liderado por **Saul Perlmutter**, que puse unas páginas atrás, vemos en líneas de trazos como debería ser la relación entre z y la magnitud lumínica en función de diversos valores de las densidades de Ω_m y Ω_λ.

Hubble Plots

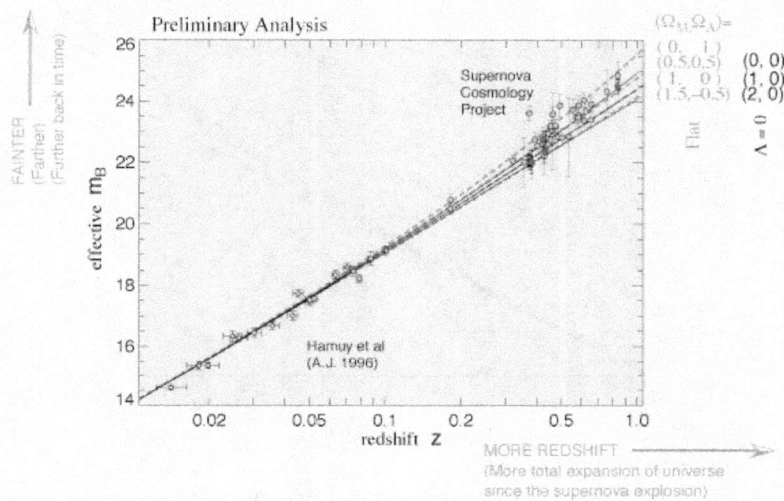

El SCP se puso en marcha a finales de los 80 con la intención de detectar una, esperada entonces, deceleración de la expansión del universo a causa de la atracción gravitatoria entre galaxias, pero lo que parece detectar es una ligera aceleración, pues sus datos cuadran mejor con valores positivos de Ω_λ. Cabe destacar que estos trabajos le valieron el premio Nobel a Saul Perlmutter en 2011.

Perlmutter y Schmidt en un artículo de 2003[39] nos muestran el siguiente gráfico con un diagrama de Hubble, gráfico redshift-distancia, expresada como la magnitud "módulo de distancia" m-M.

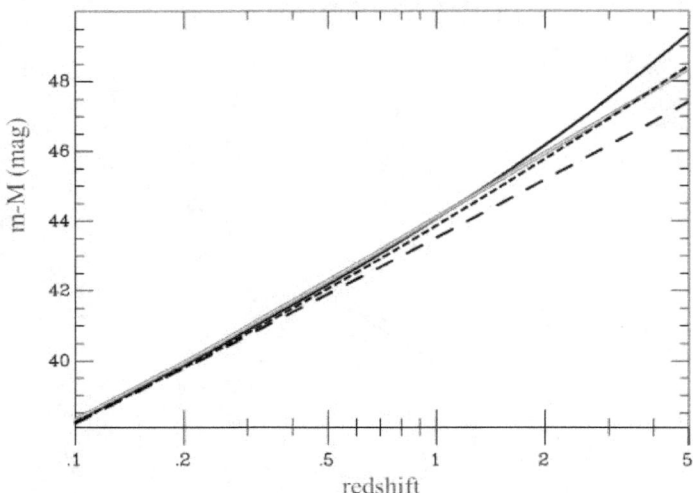

Se han representado cuatro modelos de universo:

$\Omega=0$ ($\Omega_m = 0$, $\Omega_\lambda = 0$) para el modelo de universo vacío en línea sólida, $\Omega m = 0,3$ ($\Omega_m = 0,3$, $\Omega_\lambda = 0$) en línea a trazos fina, $\Omega_m = 0,3$, $\Omega_\lambda = 0,7$ en linea hueca y $\Omega_m = 1$ ($\Omega_m = 1$, $\Omega_\lambda = 0$) en línea a trazos gruesa.

Con observaciones de quasars se puede llegar más lejos en las mediciones y alcanzar a ver mayores corrimientos al rojo y mayores distancias pero con menor precisión. En el siguiente gráfico de Risaliti y Russo[46] se puede ver en gris los datos de las observaciones de quasars y observar que la dispersión de estos datos en muy grande pudiendo cuadrar con varios modelos de universo.

La línea de trazos corresponde con el modelo ΛCDM para $\Omega_m = 0,31$

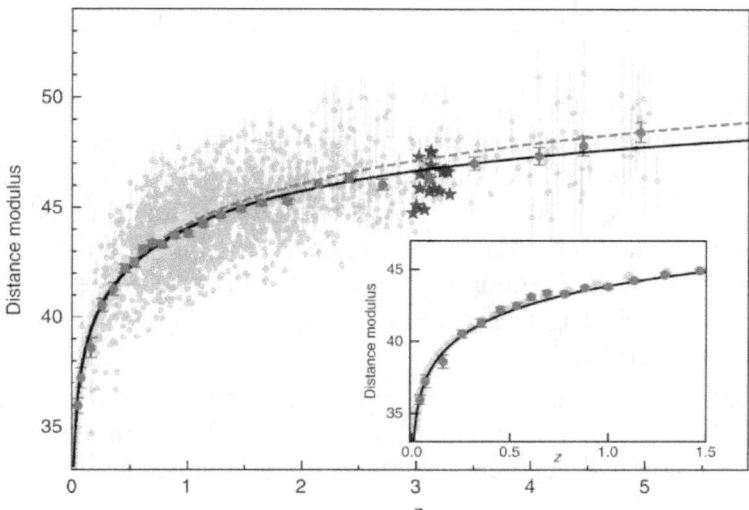

Diagrama de Hubble con los datos de supernovas en gris claro para z<1 y de quasars en gris más oscuro. Los puntos negros son los valores medios de cada grupo de observaciones de quasars.

42- EL PROBLEMA DEL HORIZONTE, el BIG BANG Y EL MODELO ΛCDM

Se denomina "**problema del horizonte**" a la dificultad para explicar la gran uniformidad observada en el universo a gran escala en cuanto a materia y radiación. La uniformidad de distribución actual puede ser explicada a partir de la gran uniformidad del fondo de microondas, pero el problema entonces es explicar la gran uniformidad, isotropía, del fondo de microondas, con sólo diferencias de temperatura entre zonas del orden de 10^{-5}.

Para el modelo estándar de universo esto era un problema pues según este modelo desde el **comienzo del universo** hasta el momento en que aparece el fondo de microondas no era posible que a la velocidad de la luz se hubiera "sintonizado" todas las regiones de dicho espacio debido a su gran tamaño. A la velocidad de la luz no se podía llegar a todos los extremos del fondo de microondas.

Así **Alan Guth**[48] en 1981 publicó la **teoría de la inflación cósmica**, de modo que tras un periodo de uniformidad en un volumen muy pequeño, el huevo primigenio se expande muy rápidamente, en sólo 10^{-32} segundos, hasta formar el fondo de microondas y entonces frena su ritmo de expansión al ritmo actualmente observado astronómicamente. Fue el momento de la "Gran Explosión", el "**Big Bang**" en un instante, el momento de la gran inflación cósmica.

Esto unido a la expansión ligeramente acelerada que detectó el WMAP para los últimos millones de años lleva a un modelo de universo como el que vemos en la siguiente imagen.

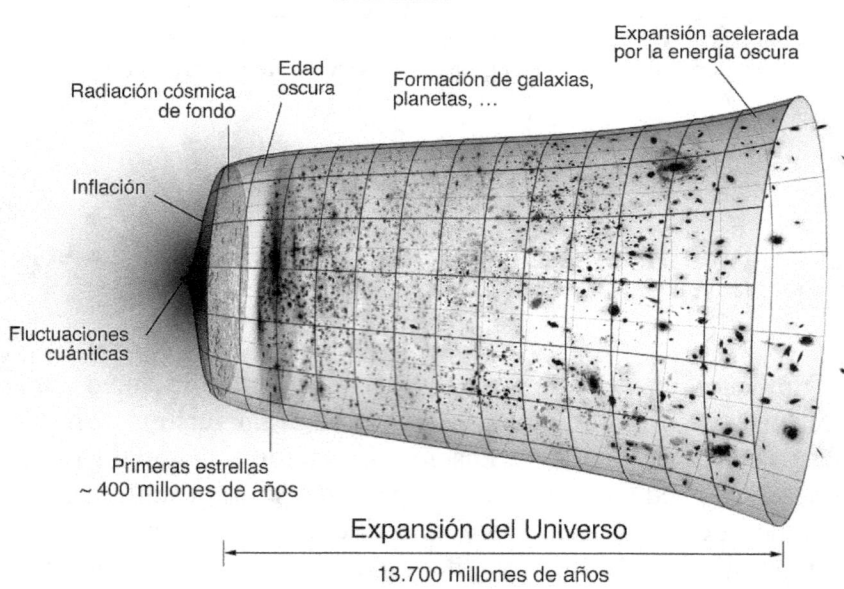

Perlmutter también nos muestra el siguiente gráfico en el que se representa diversos posibles universos y las observaciones del SPC y HZSNS (High-Z Supernova Search), poniendo en el eje x Ω_m, y en el eje y Ω_λ

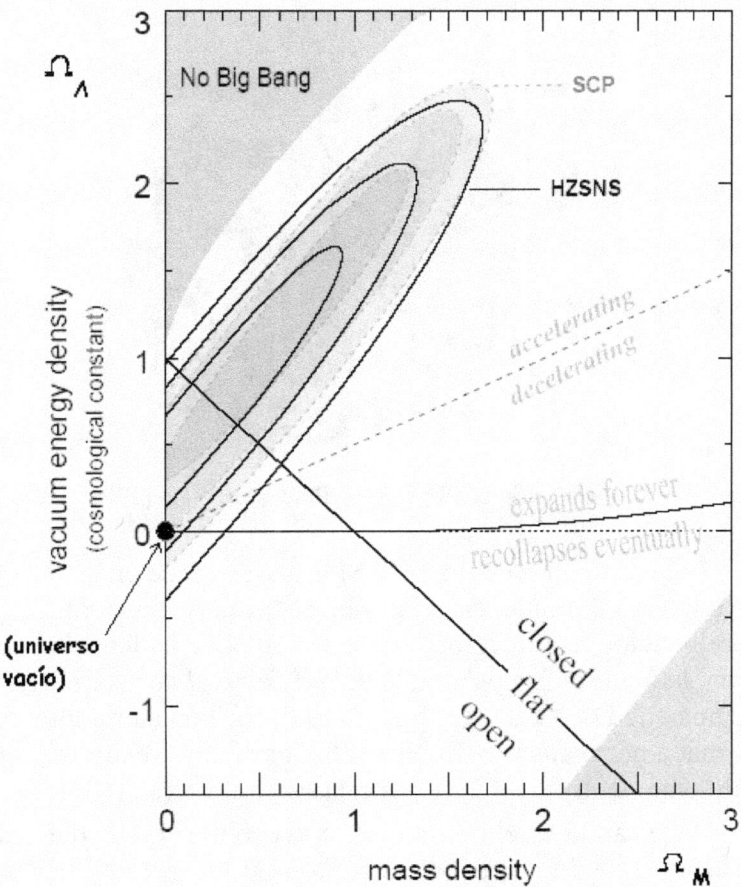

He indicado el punto que correspondería a un universo vacío, que como puede verse queda un poco fuera de lo más probable para las observaciones y habría que aceptar más margen de error, definido por las elipses, para incluirlo como aceptable. Evidentemente lo más probable a partir de los datos es que nuestro universo posea unos valores de densidades correspondientes a los de la zona elíptica más oscura del gráfico, y si queremos forzar que sumen 1 para que esta suma coincida con el valor de la densidad crítica, entonces aproximadamente 0,3 y 0,7 respectivamente para Ω_m y Ω_Λ es lo más probabilidades tiene. El equipo del WMAP[17] publicó en 2008 que estimaban el contenido del universo en un 74 % energía oscura, un 22 % materia oscura y un 4 % átomos.

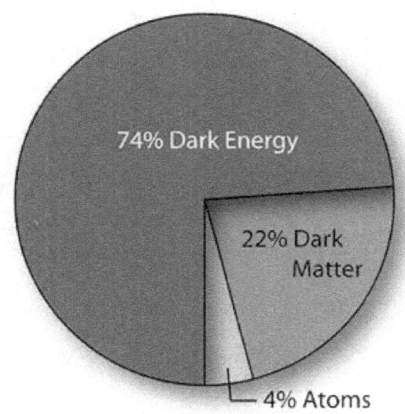

Credit: NASA / WMAP Science Team [17]

Por cierto, el modelo ΛCDM se basa en que en este modelo de universo dominan en primer lugar la energía oscura (Λ) y a continuación, como componente principal de la densidad de materia, la materia fría oscura, la *"Cold Dark Mater"* (CDM). Así tenemos que $\Omega_m = \Omega_B + \Omega_v + \Omega_{CDM}$ es decir, la materia total está formada por materia bariónica (Ω_B), partículas relativistas, principalmente neutrinos (Ω_v) y materia oscura fria (Ω_{CDM}).

Avanzando en el tiempo, en una recopilación de datos del **Suzuki et al.**[38] del *Supernova Cosmology Project* en 2011 se tiene que el modelo de universo plano ΛCDM con Ω_m cercana a 0,72 y Ω_Λ cercano a 0,28 es el que mejor se ajusta a una gran colección de datos recopilados hasta entonces.

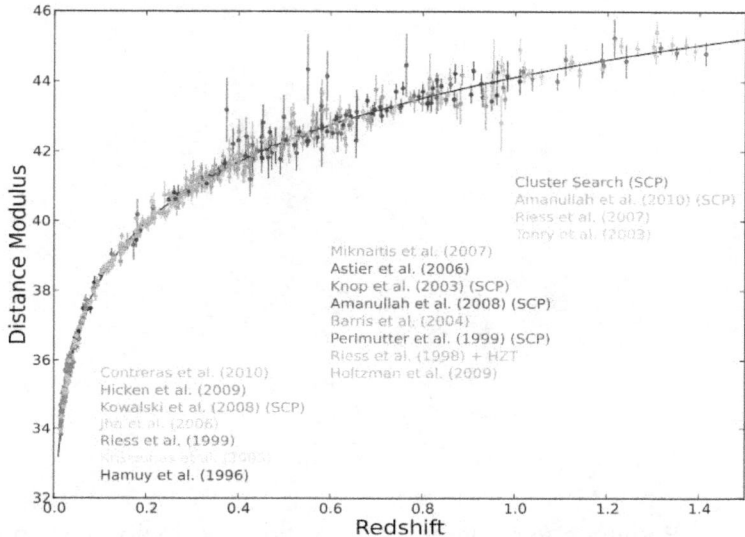

Recopilación de datos hasta 2010 por Suzuki et al. mostrando una gran correlación con el modelo estándar de universo plano ΛCDM (línea continua).

En el siguiente diagrama de Hubble de Suzuki et al. muestran como podrían acoplar con el modelo ΛCDM las diferentes observaciones de Supernovas (Sne), estimaciones a partir del fondo de microondas (CMB, Spergel et al. (2003)) y clusters (BAO, Allen et al. (2002)) con distintos Ω_m y Ω_Λ y calculan que el **mejor ajuste** coincidente con las tres mediciones está cerca de Ω_m =0,28 y Ω_Λ = 0,72.

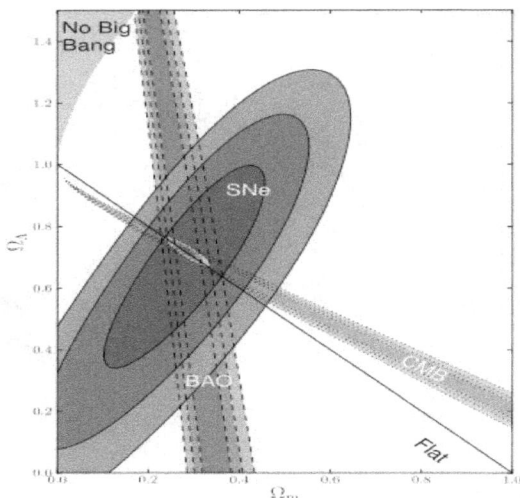

Podemos ver que esta composición coincide bastante bien, o ha sido ligeramente forzada, con un **universo plano ($\Omega=1$)**. Estos valores centrales corresponden con un **72% de energía oscura y 28% de materia,** que son los valores actualmente aceptados como más probables y representan un universo con **expansión acelerada**, pues en los últimos millones de años al descender la densidad y mantenerse constante la presión de la energía oscura se acelera la expansión del universo.

Aún así, la desviación en los datos es muy grande y algunos autores plantean que los datos estén falseados por una pérdida de brillo de las galaxias por polvo interestelar o por otro fenómeno físico de agotamiento de los fotones en su largo viaje (la teoría de la luz cansada), aún no descubierto. Sigue en discusión. Por ello con los datos del SCP algunos proponen también otros modelos, siendo uno de ellos el universo de tipo de expansión constante como alternativa factible al ΛCDM.

Para distancias más lejanas, z>2, tal vez el nuevo telescopio espacial James Webb nos proporcione mediciones de supernovas 1A más lejanas y ayude a resolver o confirmar el modelo más adecuado de universo. De momento también tenemos las fuentes de rayos gamma como candela estándar propuesta para distancias de z altas aunque con grandes imprecisiones y siendo una candela poco "estándar" al haber muchas posibles diferentes fuentes de rayos gamma.

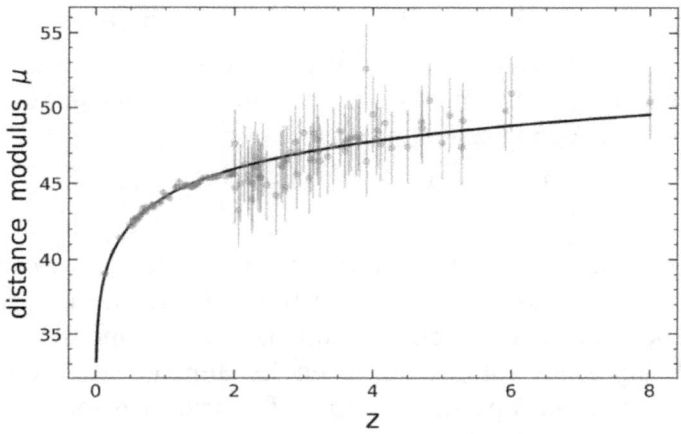

Fuente: Xu, Fan et al. (2020) [52] , línea negra: modelo ΛCDM plano con $H_0 = 70,0$ km s $^{-1}$ Mpc $^{-1}$ y $\Omega_m = 0,289$

Sobre estos datos aceptablemente caben varios modelos cosmológicos debido a la falta de precisión en los datos, pero el modelo estándar cuadra bastante bien.

43- LA MÉTRICA DE FRIEDMANN-LEMAITRE-ROBERTSON-WALKER, relatividad general y cosmología.

Volviendo a la relatividad general, la **métrica de Friedmann-Lemaître-Robertson-Walker (FLRW)** es una solución a las ecuaciones de campo de Einstein en la relatividad general que describe un universo homogéneo e isótropo.

Para deducir su ecuación básica se debe empezar por intentar introducir la **expansión del espacio en la métrica de Minkowski** para la teoría de la relatividad especial, tratando de obtener una métrica más general, en coordenadas esféricas.

En la métrica de Minkowski (eq. 2.34), tomando dl como un diferencial de espacio que engloba dx, dy y dz, y con dw=icdt, tenemos que

$$ds^2 = -(cdt)^2 + dl^2 \qquad (5.18)$$

pero si consideramos que el espacio se expande según un factor de escala a(t), tenemos que el espacio habrá crecido al cabo de un tiempo dt según ese factor, y así

$$ds^2 = -(cdt)^2 + a(t)^2 dl^2 \qquad (5.19)$$

Vamos a considerar que nuestro espacio de tres dimensiones habituales es en realidad la "superficie" de tres dimensiones de una hipersuperficie de cuatro dimensiones. Como paso inicial consideramos que sólo existimos en dos dimensiones y que nuestro universo es la superficie de una esfera tridimensional.

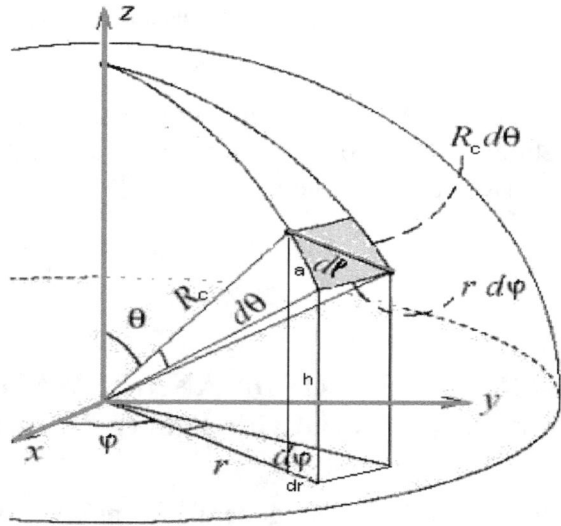

si dl fuera un diferencial de longitud en la superficie de una esfera, podríamos poner por el teorema de Pitágoras

$$dl^2 = (R_c\, d\theta)^2 + (r\, d\varphi)^2 \qquad (5.20)$$

y como

$$R_c d\theta = a = \frac{dr}{\cos\theta} = \frac{R_c dr}{R_c \cos\theta} = \frac{R_c dr}{h} = \frac{dr}{\sqrt{1 - \frac{r^2}{R_c^2}}} \quad (5.21)$$

sustituyendo

$$dl^2 = \left(\frac{dr}{\sqrt{1 - \frac{r^2}{R_c^2}}}\right)^2 + (rd\varphi)^2 \quad (5.22)$$

usando entonces una sola coordenada angular y r, siendo R_c el radio de la esfera (o radio de curvatura) y **r = R sin(θ)**, **o sea la proyección de Rc sobre el plano xy.**

y si **añadimos otra dimensión** para pasar de las dos dimensiones de dl a tres dimensiones, y así representar un dl en una "superficie" de tres dimensiones de una hiperesfera de cuatro dimensiones, tenemos

$$dl^2 = \left(\frac{dr}{\sqrt{1 - \frac{r^2}{R_c^2}}}\right)^2 + (rd\varphi)^2 + (r\sin\varphi\, d\phi)^2 \quad (5.23)$$

que sustituido en (5.19) nos da

$$ds^2 = -c^2 dt^2 + a(t)^2 \left[\left(\frac{dr}{\sqrt{1 - \frac{r^2}{R_c^2}}}\right)^2 + (rd\varphi)^2 + (r\sin\varphi\, d\phi)^2\right]$$
(5.24)

Esta métrica corresponde básicamente con coordenadas polares de la "superficie tridimensional (S3)" de una hiperesfera proyectada sobre el "plano ecuatorial". Aquí **R_c es el radio de nuestro universo en una cuarta dimensión**, por lo que no tiene un sentido claro para nosotros, y **r = R sin(θ)** que coincide con R_c en el ecuador del sistema de coordenadas tomado.

Por ello se suele cambiar **$1/R_c^2$ por K**, factor que se define como **curvatura del espacio**, obteniéndose

$$ds^2 = -c^2 dt^2 + a(t)^2 \left[\left(\frac{dr}{\sqrt{1-Kr^2}} \right)^2 + (rd\varphi)^2 + (r\sin\varphi\, d\phi)^2 \right]$$

(5.25)

que es la **Métrica de Robertson-Walker**, en honor a H. P. Robertson y A. G. Walker que la descubrieron en los años 30, y que es la métrica más general que describe un universo isotrópico y homogéneo. En realidad esta métrica es la misma que usó Alexander Friedmann ya en 1922 [12] y por ello se le denomina también **métrica de Friedmann-Lemaître-Robertson-Walker** o simplificando con sus iniciales métrica **FLRW**.

Podemos apreciar que en esta ecuación no aparece la masa ni la densidad. Se trata de una expresión totalmente geométrica, en la que la clave está en la curvatura, K, que dependerá de la densidad promedio del universo, pues esta expresión es válida en la RG para un supuesto universo curvado de densidad uniforme.

44- GEOMETRÍA DEL UNIVERSO, CURVATURA y la ECUACIÓN DE FRIEDMANN

Para tratar el problema global de la estructura del universo aplicando las teorías de Einstein resultan unos cálculos complejos y de difícil resolución. Por ello los cosmólogos prefieren aplicar unas hipótesis simplificadoras llamadas postulados cosmológicos. Con estas hipótesis se simplifica considerablemente el problema global de la estructura del universo al aplicarle las teorías de

Einstein y es más fácil construir modelos matemáticos del universo. Estas hipótesis de simplificación son el Postulado de Weyl y el Principio cosmológico.

Recordemos que por la dilatación del tiempo por la velocidad, según la RE, cada galaxia tendría su propia medida de tiempo, ya que para cada galaxia será la otra la que se mueve y por lo tanto la que tendrá sus relojes atrasados. En este tipo de universo no sería posible, por ejemplo, sincronizar unos relojes en distintas galaxias de un modo absoluto.

Postulado de Weyl

"Las partículas (como galaxias y cúmulos de galaxias) que constituyen el contenido del universo siguen trayectorias geodésicas en el espacio-tiempo cuatridimensional de la métrica FLRW, lo que implica que su movimiento es libre de fuerzas externas (solo influenciado por la gravedad). Además, las líneas de mundo de las partículas fluidas, que actúan como fuente del campo gravitatorio y que a menudo se toman para modelar galaxias, deben ser ortogonales a la hipersuperficie.".

Con el postulado de Weyl la sincronización es posible y tenemos un **tiempo universal o "cósmico"** que sirve de coordenada de referencia para el universo. Se podría decir que no se mueven las galaxias sino que es el espacio el que se expande, como ya hemos comentado.

Principio cosmológico

Ya has sido nombrado en páginas anteriores: *"**Homogeneidad e isotropía**. El universo tendrá el mismo aspecto desde cualquier galaxia desde el que lo observemos y en todas las direcciones que lo observemos"*.

Así, todos pueden creer que están en el centro del universo.

Geometría del universo

En relatividad general el espacio puede tener curvatura y no ser plano.

Volvamos a la métrica **FLRW** y recordemos que K, la curvatura es igual al inverso del cuadrado del radio del universo =1/

Rc^2. Analicemos ahora que pasaría para tres tipos distintos de radio del universo.

Para radio en número real tenemos que la curvatura K será positiva y el espacio es una hiperesfera S3 cerrada (la hiperesfera S3 puede imaginarse como una generalización de la esfera tridimensional S2 a un espacio de cuatro dimensiones). Para radio infinito tenemos que la curvatura K es cero y la esfera se puede considerar desecha, teniendo entonces un espacio plano. Por último, para un radio de tipo número complejo resulta que la curvatura será negativa y su representación se asemeja a un paraboloide hiperbólico pero sobre cuatro dimensiones.

Estos son los universos de Friedmann y se han convertido en "el modelo estándar" para las cosmologías, ya sea con constante cosmológica o no.

Aplicando las ecuaciones de campo de la teoría de la relatividad general de Einstein para un universo homogéneo e isótropo y a partir de la métrica FLRW Friedmann obtuvo su solución para la expansión del espacio. La **ecuación de Friedmann de la energía**.

$$H^2 = \left(\frac{\dot{a}}{a}\right)^2 = \frac{8\pi G\rho + \Lambda c^2}{3} - K\frac{c^2}{a^2} \qquad (5.26)$$

Donde:
- a(t) es el factor de escala, que describe cómo el universo cambia de tamaño a lo largo del tiempo.
- $\dot{a}$ es la derivada temporal del factor de escala, es decir, la tasa de cambio del factor de escala con el tiempo.
- G es la constante de gravitación universal.
- ρ es la densidad de energía total del universo (incluyendo materia, radiación, y energía oscura).
- Λ es la constante cosmológica, que representa la densidad de energía oscura, responsable de la expansión acelerada del universo.
- K es el parámetro de curvatura del universo

Vemos que esta expresión relaciona la densidad del universo con la constante cosmológica, la curvatura del universo y su ritmo de expansión. Λ es la constante cosmológica y obtenida para un universo de tipo fluido en el que la atracción gravitatoria frena la expansión mientras que la constante cosmológica representa la energía oscura que la incrementa.

Si divido (5.26) entre H^2 a ambos lados queda

$$1=\frac{8\pi G\rho}{3H^2}+\frac{\Lambda c^2}{3H^2}-\frac{Kc^2}{a^2H^2} \qquad (5.27)$$

que puede expresarse como

$$1=\Omega_m + \Omega_\Lambda + \Omega_k \qquad (5.28)$$

al cambiar cada término respectivamente por su equivalencia como parámetros de densidad.

Quedan definidos entonces los parámetros adimensionales de densidad de materia Ω_m, de densidad de energía de vacío o de constante cosmológica Ω_Λ y una "densidad de curvatura", o parámetro de curvatura Ω_k.

La fórmula (5.27) podemos expresarla entonces como

$$1=\Omega_m+\Omega_\Lambda-\frac{Kc^2}{a^2H^2} \qquad (5.29)$$

y como $\Omega_m + \Omega_\Lambda = \Omega$

se obtiene una relación entre el parámetro de densidad Ω y la **curvatura k** del espacio-tiempo

$$K=(\Omega-1)\frac{a^2H^2}{c^2} \qquad (5.30)$$

de tal forma que para $\Omega<1$ tenemos una curvatura k negativa, para $\Omega>1$ tenemos curvatura k positiva y para $\Omega=1$ tenemos curvatura k=0.

Se puede decir que para un universo bajo las ecuaciones de Friedmann la densidad del universo implica una **curvatura intrínseca** u otra. Esto es así, en teoría, bajo el modelo de Friedmann que es el considerado estándar, pero puede haber otros modelos en los que no se aplique, o sus ecuaciones cambien, y en los que por ejemplo a mayor densidad de materia-energía haya una curvatura del espaciotiempo positiva inevitable (como pensaba Einstein en sus primeros modelos cosmológicos), con lo que el espaciotiempo se curvaría sobre si mismo por su propia masa y solo dejaría de curvarse para densidad de materia y energía cero.

La curvatura negativa implica una geometría hiperbólica y tiene como símil en dos dimensiones al paraboloide hiperbólico o "silla de montar".

La curvatura positiva implica una geometría esférica y tiene como símil en dos dimensiones a la superficie de una esfera.

La curvatura cero implica una geometría euclidiana y tiene como símil en dos dimensiones a un plano normal y corriente.

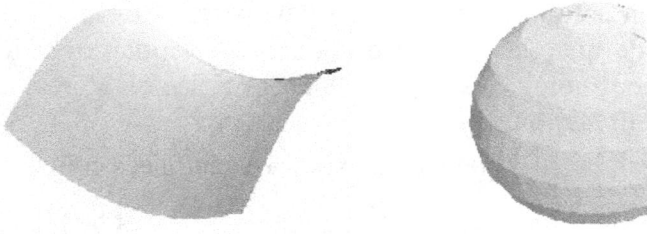

Curvatura negativa $\Omega<1$, $k<0$, $\Omega_k>0$ Curvatura positiva $\Omega>1$, $k>0$, $\Omega_k<0$

Curvatura cero $\Omega=1$, $k=0$, $\Omega_k=0$

Así, cuando en algún artículo se dice que se ha demostrado que el universo es plano lo que en realidad quieren decir es que han observado datos que coinciden con modelos de FLRW de curvatura cero, es decir $\Omega=1$, como por ejemplo $\Omega_m = 0,3$, $\Omega_\Lambda = 0,7$ y entonces $\Omega = 0,3+0,7=1$.

Para entender mejor el **concepto de curvatura** positiva o negativa usaremos un teorema básico sobre triángulos que es el que indica que la suma de los ángulos internos de un triangulo cualquiera siempre es 180 grados (o π radianes). Este teorema solo es verdadero en un espacio plano, es decir un espacio con curvatura cero. En un espacio con curvatura positiva como es el caso de la superficie de la esfera, si uno construye un triangulo observará que la suma interna de los ángulos del triángulo será mayor que 180 grados. Por ejemplo tomemos la superficie de la esfera y coloquemos uno de los puntos del triangulo en el polo Norte, avancemos ¼ de esfera, llegando al ecuador, y pongamos allí el segundo vértice del triángulo, y avancemos sobre el ecuador otro cuarto de esfera para dibujar el tercer vértice; entonces lo que tendremos es que el triángulo construido sobre la superficie esférica tendrá ¡tres ángulos rectos internos! y la suma de estos ángulos será de ¡270 grados!, no 180.

Por otro lado para el caso de una curvatura negativa se tendrá que la suma interna de los ángulos de un triangulo sobre una superficie curvada negativamente siempre será menor que 180 grados, y para tratar de esclarecer como es una superficie con curvatura negativa, está el llamado paraboloide hiperbólico el cual a veces se le llama la silla de montar, ya que la superficie de este objeto matemático se parece mucho a una silla de montar.

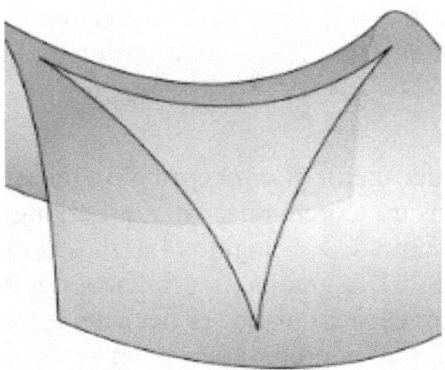

En una superficie de curvatura negativa, como una superficie hiperbólica, los ángulos de un triángulo suman menos de 180 grados.

De este modo la Teoría de la Relatividad nos lleva a deducir que cuando la densidad supera a la crítica $\Omega>1$ tenemos un universo cerrado, para densidad del universo inferior a la crítica $\Omega<1$ un universo abierto, y para densidad igual a la crítica $\Omega=1$ un universo "plano", sin curvatura. (En realidad asociar universo "abierto" a $\Omega<1$ es un poco incorrecto, ya que existen modelos en los que la curvatura es negativa pero el universo es cerrado, pero históricamente y por sencillez de modelos se le asocia el nombre de "abiertos" a los universos con esta densidad, asociándose el nombre de "abierto" al tener expansión perpetua, y "cerrado" a expansión-contracción, sin asociación con volumen infinito o finito).

Pero otra cosa es la **curvatura "extrínseca" del universo**, pues nada impide que existan otros factores que provoquen curvatura del espaciotiempo, incluso puede que la curvatura "real" global del universo sea independiente de la densidad, pero ese es otro tema.

De momento se ha estimado un 5 % de materia bariónica (protones y neutrones) $\Omega_B=0,05$, un 25 % de materia oscura $\Omega_{CDM}=0,25$, un 0,02 % de materia-energía en forma de radiación cósmica de fondo $\Omega_{rad}=0,0002$. Entre todas estas no suman mucho más de un 0,3 y se estima una energía de vacío asociada a la constante cosmológica de $\Omega_\Lambda = 0,7$ aproximadamente.

La determinación exacta de la densidad del universo es algo que aún no se ha logrado, pero cada año aparecen nuevos estudios que lo calculan con más precisión. Así por ejemplo en el año 2000 los investigadores del telescopio de microondas Boomerang estimaron que la densidad total del universo estaba entre $\Omega = 0,88$ y $\Omega = 1,12$, posteriormente en 2008 el equipo del **WMAP**[17] estimó que dicha densidad es 1, que el universo es "plano", euclídeo, con una precisión estimada del 1 %.

Luego tras varias actualizaciones de datos cada 2 o 3 años en 2018 el equipo del satélite **Planck**[43] estima un parámetro de densidad de curvatura $\Omega_K = 0,001 \pm 0,002$ lo que representa un $\Omega = 0,999 \pm 0,002$, todos ellos aplicando el modelo ΛCDM y la teoría del Big Bang a sus mediciones del fondo de microondas. Así, a partir de las mediciones del fondo de microondas, según el modelo estándar, con las ecuaciones de Friedmann, la métrica FLRW, y estas estimaciones del equipo del Planck, el universo es básicamente plano, con $\Omega_m = 0,32$, es decir, un 32 % de materia en el universo, incluyendo materia bariónica y oscura, y $\Omega_\Lambda = 0,68$, es decir, un 68% de la materia-energía total en forma de energía oscura, aproximadamente.

SECCIÓN 6: REFLEXIONES SOBRE RELATIVIDAD Y COSMOLOGÍA y anexos

45- CONSECUENCIAS DEL PARADIGMA DEL UNIVERSO EN EXPANSIÓN. MODELO DE EXPANSIÓN CONSTANTE o lineal

Los modelos de universo basados en la ecuación de Friedmann y las densidades del universo, tienen todos su origen y base en el modelo que Einstein creó pensando en la gravedad, vista desde la RG, que curva el espaciotiempo de modo que tiende a juntarlas, y en una constante cosmológica que ejerce una supuesta presión expansora sobre el espaciotiempo de modo que las galaxias tienden a separase.

Sin embargo según el paradigma del espacio en expansión tenemos que es el propio espacio el que se expande dilatando la longitud de onda de los fotones a lo largo del tiempo que dura su viaje hasta nuestros ojos o nuestros instrumentos.

Tal vez el espacio se expanda, sin importar si la gravedad vence o no a la energía de vacío u oscura ¿No sería posible que dicha expansión sea una **ley** del universo y no tenga nada que ver con la gravedad o la constante cosmológica? La observación de corrimientos al rojo y la aparente dilatación del universo sería independiente de los efectos gravitatorios o de los de la energía oscura. Es una hipótesis tal vez a tener en cuenta.

Por otro lado la densidad del universo se supone que es justo la crítica y que en los primeros tiempos del universo todavía era más cercana a la crítica para dicho instante, porque si fuera un poco mayor resultaría que las galaxias se habrían alejado tanto entre si en estos casi 14000 millones de años que ya no veríamos casi ninguna, y si fuera un poco menor resultaría que hace mucho tiempo que el universo habría colapsado en un gran *Big Crunch*. ¿Simple casualidad que nuestro universo sea así? ¿Otra vez nuestro universo es el centro de la creación al ser un tipo de universo privilegiado? Ni la Tierra era el centro privilegiado del universo, ni lo era el Sol, ni nuestra galaxia, ni parece probable que ahora resulte que nuestro universo es privilegiado en si mismo. Sería mejor que buscásemos una explicación física a esta aparente casualidad.

Si consideramos el espacio en expansión *como una ley del universo*, todas estas dudas quedan resueltas ya que entonces las galaxias, o cúmulos de galaxias, se alejan entre si igualmente por esta ley, o principio, "a pesar de la atracción gravitatoria o la presión de la energía oscura". Ni una ni la otra tendrán la menor influencia en el asunto salvo localmente formando cúmulos galácticos y otras estructuras que se observan en el universo como los racimos de galaxias, pero la expansión general seguirá a su ritmo e imparable y la densidad del universo no jugará ningún papel en el asunto. El universo sería el que es, con la distancia entre galaxias que tiene y la velocidad de expansión que tiene sin influir en ello la densidad del universo independientemente de la existencia o no de una **energía oscura no detectada que ya no sería necesaria**. Ya no podríamos afirmar que la densidad es la crítica pues no tendría sentido un análisis gravitatorio de la expansión a nivel general. Sólo será interesante a nivel local. Quedaría así resuelto el llamado **problema de la planitud del universo**, basado en el estudio del ritmo de expansión del universo, pues este ritmo sería **independiente de la densidad del universo** y no sería necesario que la densidad del universo fuera igual a la crítica. La determinación de la densidad del universo y de si el universo es plano, o no, necesitaría entonces de otros estudios y mediciones diferentes.

Además quedaría explicado también por qué la densidad medida y observada del universo es sólo una pequeña parte de la crítica, y **no sería necesario pensar en una energía oscura** que también forme parte de esa densidad de materia total y la materia oscura sería solo la necesaria para explicar el comportamiento de giro de las galaxias, pues no necesitaríamos que la densidad total fuera la crítica para que la expansión se mantuviera como está. Al fin y al cabo el modelo estándar, el ΛCDM, se basa en suponer la existencia de materia oscura y energía oscura en hasta el 95% del total de densidad del universo para que su modelo cuadre con los datos. Una materia oscura y una energía oscura que no han sido encontradas y han sido "inventadas" exclusivamente para que los modelos gravitatorios basados en la relatividad general cuadren con las observaciones.

También quedaría resuelto el **problema de antigüedad del universo,** medida por la antigüedad de algunas estrellas muy viejas como **la estrella Matusalén,** que se estima de una antigüedad de 14460 millones de años[60] ¿Más antigua que el universo según el modelo ΛCDM ? Como veremos en capítulos posteriores la antigüedad del universo en un modelo de expansión lineal podría ser de más de 15000 millones de años. Por último, la llamada **"tensión de Hubble"** ya no sería ningún problema, pues se debería a malas estimaciones de H a partir de un modelo sólo aproximado, el estándar.

¿Y las observaciones que nos dirían? Según este modelo el ritmo de expansión no se vería afectado por densidad alguna. El ritmo de expansión sería independiente de la gravedad. **El caso más simple dentro de este modelo es el de expansión a ritmo constante, o expansión lineal.**

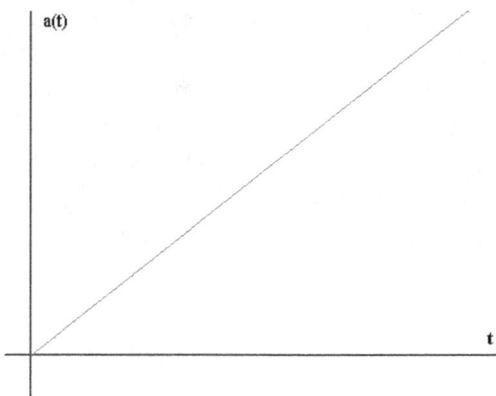

No hay ningún motivo para pensar que el ritmo no pueda variar pero, ya que hemos prescindido de los efectos de la gravedad y de una supuesta energía oscura, aplicando la navaja de Occam debemos pensar que lo lógico sería que el modelo más simple sea el correcto. Así tenemos que las observaciones coincidirían plenamente con este modelo si la relación entre corrimiento al rojo como 1+z y la magnitud de brillo fuera una línea recta pura y dura en gráfico semilogarítmico.

Esto coincidiría con el modelo de tipo gravitatorio de **densidad cero**. Sería un **universo de expansión constante**, equivalente al llamado, dentro de los modelos gravitatorios, "**Universo vacío**" en el que las galaxias no se verían frenadas por la gravedad ni aceleradas por ninguna energía oscura, manteniendo así un ritmo de expansión del espacio constante. También sería equivalente en cuanto a ritmo de expansión a un universo en el que los efectos gravitatorios y la presión de la energía oscura se compensaran exactamente y lo hicieran durante todo el tiempo del **universo con una constante cosmológica dinámica,** modelo por cierto propuesto por algunos autores.

Otro modelo interesante con comportamiento de ritmo de expansión constante es el **modelo de universo Dirac-Milne**[51], en el que hay tanta materia como antimateria pero de una supuesta "masa negativa" a efectos gravitatorios, a efectos de como curva el espacio la antimateria, que la densidad es equivalente a cero respecto a los cálculos de expansión, y no hay freno a la expansión inercial. Según los cálculos del texto citado[51] las diferencias entre el modelo ΛCDM y el Dirac-Milne con respecto a los datos del SCP son mínimas al menos hasta z=1,2, y sobre todo poniendo en duda la precisión de las medidas para z bajas.

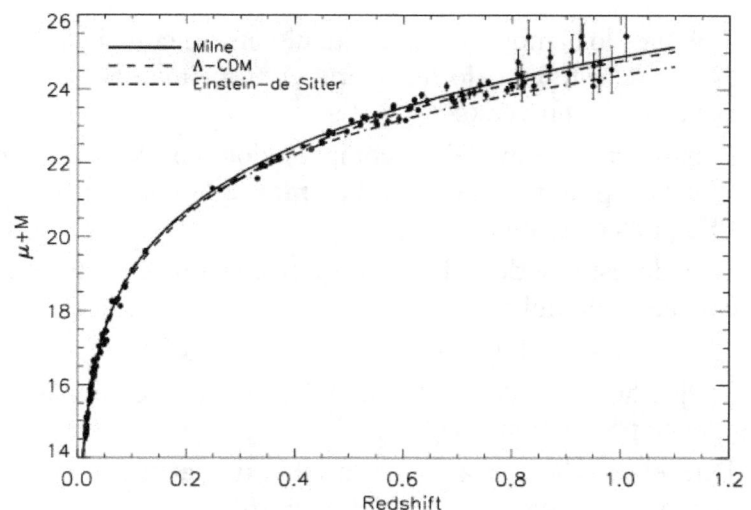

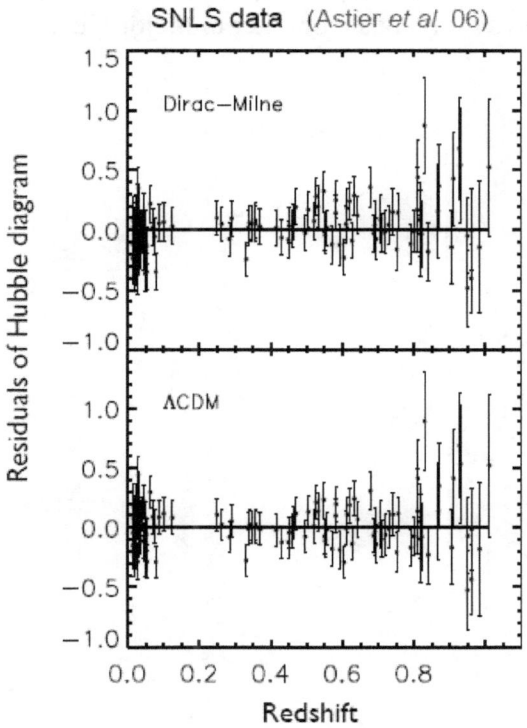

Además, los autores de este artículo citado coinciden con nosotros en que este modelo resolvería el problema del horizonte y el de la edad del universo.

A partir de este modelo y comparándolo con los datos de supernovas 1A **podemos estimar fácilmente la constante de Hubble H_0 para este modelo.**

Usando este modelo de **expansión constante** o "**Expansión Lineal**" ha de cumplirse que [54]

$$H(z) = H_0(1+z) \qquad (6.1)$$

ya que la constante de Hubble H sería mayor en el pasado directamente proporcional a $(1+z)$.

Para el estudio se ha usado la tabla de datos de Hai Yu [53], que recopila los datos más fiables de *redshifts* y $H(z)$ correspondientes en el pasado y hecho un gráfico sobre el que ha sido dibujada una recta $H(z) = H_0(1+z)$ que se ha obtenido probando diferentes valores de H_0 hasta obtener el mejor ajuste,

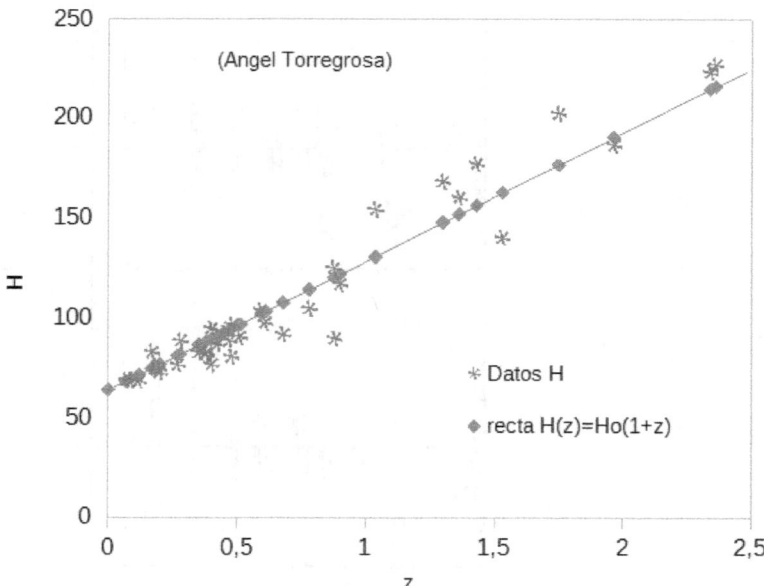

ajuste para el cual hemos obtenido un valor de Chi², promedio (χ^2/n), de 1,051, que es bastante bueno, para un valor de **H_0=64,2 para la constante de Hubble en la época actual.** Podemos observar que aunque el ajuste no es perfecto es bastante bueno para la incertidumbre existente en los datos. De hecho es casi el mismo Chi² que he obtenido para el modelo ΛCDM plano de mejor ajuste a estos datos, que es para Ω_m=0,27 y H_0=72. El valor que he obtenido con el modelo de expansión lineal para H_0 (64,2) difiere bastante de los valores habitualmente en discusión, de 67 a 72, la famosa "**tensión de Hubble**", pero se acercaría más a 67 si le diéramos más peso a los datos con z>1 y se acercaría al valor obtenido por los cosmólogos a partir del fondo de microondas. Para entender mejor esta divergencia podemos ver los diversos ajustes que Yu hace para el modelo ΛCDM, obteniendo aceptables ajustes para valores desde 64 hasta 73.

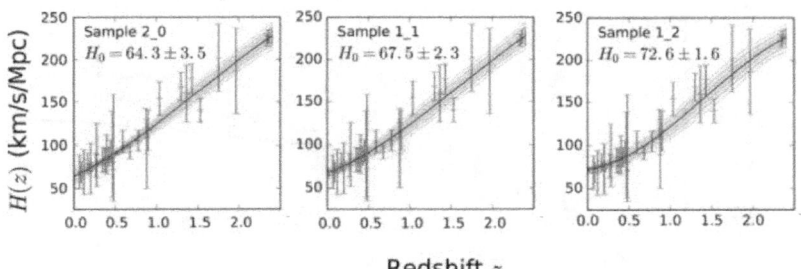

Al ser una curva en vez de una recta, el modelo ΛCDM da valores más altos de H(0) en una búsqueda del mejor ajuste posible tanteando con sus diversos parámetros.

Para salir de dudas habría que usar datos de mediciones más lejanas, y de momento solo tenemos las mediciones obtenidas mediante **fuentes de rayos gama, como quasars**, que no proporcionan datos tan precisos como las supernovas 1A, pues esas fuentes de rayos gama pueden tener tamaños muy diferentes, no hay una una que se pueda tomar como estándar de referencia. Aun así se puede hacer un pequeño estudio estadístico sobre los datos. Usaremos el diagrama de Hubble μ-z que ya puse de Fan Xu [52] y sobre él dibujaremos los puntos calculados del módulo de distancia en función de z que hemos calculado para el caso del modelo de expansión constante, o lineal. Para este modelo usaremos la distancia lumínica, D_L, calculada según la expresión usada por Benoit-Lévy y Chardin [51] para el modelo Dirac-Milne

$$d_L(z) = \frac{c}{H_0}(1+z)\sinh[\ln(1+z)] \qquad (6.2)$$

Y usaremos la definición habitual de módulo de distancia en artículos de cosmología

$$m-M = \mu = 5\log 10\,(D_L) + 25 \qquad (6.3)$$

donde m es la magnitud aparente, M es la magnitud absoluta, D_L es la distancia lumínica.

Así obtenemos el siguiente diagrama de Hubble

Así obtenemos el siguiente diagrama de Hubble

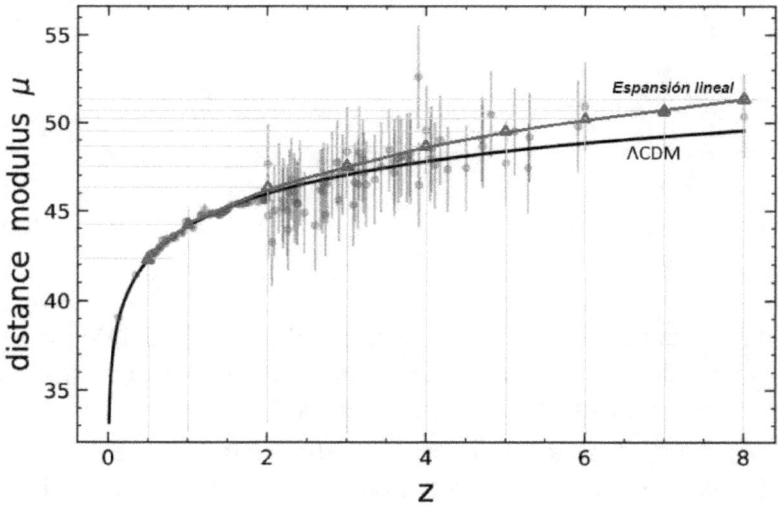

Hemos dibujado sobre el gráfico original de Xu los datos obtenidos con el modelo de **expansión lineal para H_0=64,2**, valor obtenido en el ajuste visto un par de páginas atrás.

Se puede apreciar en el gráfico que el modelo de expansión lineal o constante queda por encima de los estimados para el ΛCDM pero también es un ajuste aceptable para la gran dispersión en los datos de fuentes de rayos gamma.

Tal vez la navaja de Occam de nuevo debería hacernos decidir por la explicación más simple, y de nuevo la más simple es que el espacio se expande a ritmo uniforme.

En resumen tenemos que el paradigma del espacio en expansión junto al modelo de expansión constante explican el desplazamiento al rojo de las galaxias lejanas, la línea recta en la relación factor de escala-distancia (o lo que es lo mismo, por qué el universo se comporta como vacío cuando es evidente que no lo está), anula la necesidad de densidad del universo cercana a la densidad crítica (pues la expansión sigue "por ley física"), y explica por qué no localizamos la energía oscura (pues en este caso ya no es necesaria para el comportamiento del modelo).

Las futuras observaciones nos darán más datos. Tal vez a través del satélite James Webb observando supernovas lejanas. Si se depositan las observaciones de redshifts sobre la línea de universo vacío, se estará confirmando este modelo, y si se ajustan mejor al ΛCDM este quedará confirmado como modelo estándar. De momento, al cierre de este libro encuentro que Robert Monjo, en una publicación de 2024[63] concuerda en que el modelo de expansión lineal es compatible con los datos y plantea un modelo de universo tipo hipersuperficie S3 sobre un espaciotiempo de 5 dimensiones (4 + el tiempo), un modelo "hipercónico" en el que la energía oscura aparece sólo como algo "aparente" y no real, muy en línea con nuestro planteamiento en esta sección de "reflexiones".

46- MODELANDO EL CASO DE UNIVERSO DE EXPANSIÓN CONSTANTE y calculando el radio del universo, su edad y su volumen.

Aceptemos temporalmente como válido el modelo planteado en el que la expansión es constante a lo largo del tiempo, un modelo de expansión lineal, sin ser influida por la atracción gravitatoria entre galaxias ni por la presión de la energía oscura (ya sea por la planteada ley de expansión del universo o por compensación dinámica de densidades de vacío vía Lambda variable, o quintaesencia, o un modelo de simetría de materia con antimateria antigravitatoria tipo Dirac-Milne), entonces es interesante plantearse la pregunta **¿A qué velocidad se expande el universo?**

Conocemos a que velocidad relativa se alejan las galaxias entre si en función de su distancia, y podemos utilizar como **símil** imaginar que el universo es como la **superficie de un globo** que se hincha a un ritmo constante. A esta superficie (imaginando un universo de solo dos dimensiones) estarían "pegadas" las diversas galaxias más o menos uniformemente repartidas, de modo que al hincharse el globo, y aumentar su radio, proporcionalmente aumentará la distancia entre las galaxias. Estas galaxias están en reposo relativo a esa superficie que es el globo, pero aparentemente se alejan unas de otras a una velocidad que es proporcional a la distancia entre ellas.

Esto coincide totalmente con la Ley de Hubble, y en este símil utilizado esta velocidad de alejamiento es una velocidad "absoluta" desde el punto de vista de un observador "externo" a este globo siguiendo la expresión ya vista (5.1)

$$V = H\,D$$

siendo V la velocidad a la que se alejan las galaxias entre si de modo "absoluto", H la constante de Hubble y D la distancia entre las galaxias.

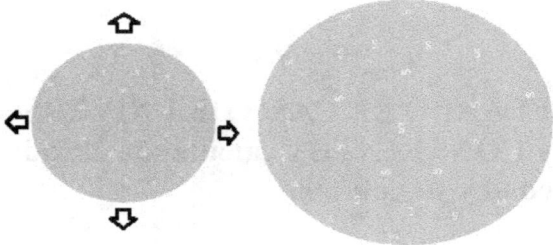

En este modelo el universo sería un globo de cuatro dimensiones y la "superficie" del globo sería de tres dimensiones, en las que nos encontramos. O tal vez de cuatro dimensiones la superficie del globo, si consideramos el tiempo, y entonces el globo en si podría ser de cinco dimensiones.

Se trata de HIPERESFERAS. El caso más simple es el caso en el que nuestro universo sea una hiperesfera S3, o sea una "superficie" de 3 dimensiones de una hiperesfera de 4 dimensiones. El **UNIVERSO S3** ha sido propuesto por diversos autores como el caso más probable para nuestro universo por ser isotrópico y homogéneo, en resumen, porque en él parecería que nos encontramos en el centro del universo y además el universo tendría el mismo aspecto general miremos hacia donde miremos y desde donde miremos. Además este modelo tiene la ventaja de que evita el problema de la posible infinitud del universo, ya que aquí el universo sería finito, y tiene la característica de que avanzando lo suficiente en línea recta volveríamos al punto de partida.

Consideremos este caso de esta hiperesfera S3 en expansión ¿Cuál sería su radio y a que velocidad crece este radio?

En principio no hay forma de averiguarlo simplemente a partir del ritmo de distanciamiento entre galaxias sin conocer la curvatura del universo. Es posible determinar el radio de curvatura que produciría la materia y energía del universo en función de su densidad por medio de los modelos de universo que he llamado relativistas, usando la relatividad general, pero en principio sería un radio de curvatura para un universo S4 ¿sobre una quinta dimensión desconocida? en donde una de estas 4 dimensiones es el tiempo, lo que dificulta totalmente el poder hablar de velocidad de expansión del universo en su quinta dimensión.

Pero para el caso del universo S3 existe una posibilidad para determinar la velocidad a la que crece este radio que surge de la teoría de la relatividad, a partir de la métrica de **Minkowski** y a pesar de que la presencia de masas deforme esta métrica localmente según la métrica de **Schwarzschild**.

Según la métrica de Minkowski en vez de usar un diferencial de espacio para los cálculos se usa un diferencial de espacio-tiempo **ds** de modo que se cumple la expresión ya vista (2.34)

$$(ds)^2 = (dx)^2+(dy)^2+(dz)^2+(dw)^2 \text{ siendo } \mathbf{w=cti}$$

con lo que tenemos que para un diferencial de espacio-tiempo (ds) existen cuatro componentes para el movimiento: tres espaciales y una cuarta temporal (dw) que es perpendicular a las otras tres pero compleja. Este diferencial en cuarta dimensión (incremento de tiempo) existe aunque los diferenciales de coordenadas espaciales sean cero.

Así en el caso de una galaxia "estática" en la superficie del globo, las componentes espaciales de diferencial de movimiento valen cero (no se mueve) mientras que la temporal vale "$c\,dt$" que se podría interpretar como que se produce un avance a velocidad c durante un tiempo dt en una coordenada compleja perpendicular a las tres espaciales comunes.

Podemos **suponer** entonces que todo cuerpo en "reposo" se está moviendo realmente a la **velocidad de la luz en una cuarta dimensión** y si tomamos el modelo de universo S3 indicado antes de un globo tetradimensional que se hincha a velocidad constante, podemos lanzar entonces la *hipótesis* de que **la velocidad de expansión del radio del globo universal es la velocidad de la luz. Podemos suponer entonces que esta expansión del universo que se aprecia es simplemente una secuela de nuestro "viaje" temporal hacia el futuro.** Esto puede parecer para algunos incluso como físicamente incorrecto, pero dejémoslo como hipótesis de trabajo para este texto.

Hasta aquí hemos usado la relatividad general para llegar a deducir la velocidad de expansión del universo, pero también podemos aplicar la Relatividad General de un modo no muy complicado y podemos llegar a la misma conclusión para el modelo de expansión lineal. Veamos como.

Usaremos para ello un modelo de universo vacío y lo aplicaremos a la ya vista ecuación de Friedmann (5.26) que escribiremos como

$$\left(\frac{\dot{a}}{a}\right)^2 = \frac{8\pi G}{3}\rho - \frac{Kc^2}{a^2} + \frac{\Lambda}{3} \qquad (6.4)$$

Para universo vacío tenemos que la densidad es cero y no hay presión de vacío, es decir la constante cosmológica vale cero; entonces ρ=0 y Λ=0. Así queda

$$\left(\frac{\dot{a}}{a}\right)^2 = \frac{-Kc^2}{a^2} \qquad (6.5)$$

despejando $\dot{a}$ tenemos

$$\dot{a} = c\sqrt{K}\,i \qquad (6.6)$$

y como $\dot{a} = \dfrac{da}{dt}$, despejando diferencial de a

$$da = c\sqrt{K}\,i\,dt \qquad (6.7)$$

e integrando

$$a = c\sqrt{K}\,t\,i \qquad (6.8)$$

lo que representa una expansión lineal al ser "a" directamente proporcional a "t", y como $K=1/R_c^2$ (ver capítulo 43) y para la época actual $t=t_0$ y $a=1$, tenemos

$$1 = \frac{c\,t_0\,i}{R_c} \qquad (6.9)$$

y por lo tanto

$$R_c = c\,t_0\,i \qquad (6.10)$$

Es decir, que el radio de curvatura de nuestro universo, el radio de nuestro universo, si es un universo similar a un universo vacío, es un número imaginario de módulo ct_0. La misma conclusión que la alcanzada vía relatividad especial.

Así, usando esta relación, sería relativamente fácil calcular la longitud del **radio del universo** en una época determinada y será ct_0, siendo t_0 el tiempo transcurrido desde el Big Bang. Por ejemplo si tomamos como válido para $t_0 = 13800$ millones de años correspondería un radio de universo $R = ct_0 =$ **13800 millones de años luz**.

¿Podríamos calcular el volumen del universo si fuera así?

Por un lado tenemos el problema de que según la relatividad general y la métrica de Robertson-Walker un universo con radio de curvatura complejo tendría una curvatura negativa y su aspecto sería similar al de un paraboloide hiperbólico y por lo tanto sería infinito. No sería una hiperesfera.

Para que fuera un universo cerrado, finito, una hiperesfera, tendríamos que dejar de lado como no aplicable la métrica de Friedmann-Robertson-Walker, y basarnos en lo dicho al principio de este capítulo, que la expansión es lineal por definición, por aplicación de la relatividad especial, y su forma independiente de la gravedad y de la densidad, aunque la densidad no sea cero como en el modelo vacío ni equivalente a cero como en el modelo Dirac-Milne.

Entonces se podría averiguar el **volumen de este universo** a partir de la fórmula del volumen de una hipersuperficie S_3 de una hiperesfera tetradimensional, que es [55]

$$\int_0^\pi R \, d\psi \int_0^\pi R \sin\psi \, d\phi \int_0^{2\pi} R \sin\psi \sin\phi \, d\theta =$$
(6.11)

$$V = S_3 = 2\pi^2 R^3 \qquad (6.12)$$

Para hacer el cálculo tendremos primeramente que decidirnos por un radio del universo. Para un radio de 13800 millones de años luz el volumen sería de $5,19 \cdot 10^{31}$ años luz^3

Pero en este modelo este radio depende directamente de la constante de Hubble ya que $t_0 = 1/H_0$ (ver capítulo 34) y como lo hemos basado en el modelo de expansión constante deberíamos usar la constante de Hubble que hemos deducido en el capítulo anterior, para nuestro modelo de expansión constante, que es de 64,2.

Así tenemos que la **antigüedad del universo para este modelo de expansión lineal** sería de unos **15200 millones de años** y por lo tanto R= 15200 millones de años-luz ,y entonces el volumen calculado es de

$$V = 6,9 \cdot 10^{31} \text{ años luz}^3$$

Por cierto, si aplicamos el radio de universo para deducir la curvatura del universo sale un valor de curvatura $k = 1/R^2 = 4,3 \cdot$

10^{-21} años-luz^{-2}, prácticamente nula, debido a las grandes dimensiones.

MÁS POSIBILIDADES:

Esta hipótesis no es la única posible. También podemos pensar que el universo S3 se expande a una velocidad desconocida que no tiene nada que ver con la coordenada temporal cti, de modo que debemos considerar un espacio cuatridimensional en el que existe el universo S3 y además otra quinta dimensión que se sería la temporal. Continuando con más posibilidades ¿por qué no más dimensiones que no percibimos? ¿5,8...11?

La teoría de cuerdas habla de la existencia de 11 dimensiones.

Esta idea de la cuarta dimensión que he expuesto no coincide exactamente con considerar que la cuarta dimensión es el tiempo, sino que más bien consideramos que existe una cuarta dimensión espacial a través de la cual nos movemos a velocidad c. Se podría asociar en cierto modo a la teoría de **Kaluza** (1921)[56] que postulaba la existencia de una cuarta dimensión espacial además de la temporal. En este modelo de Kaluza los fenómenos electromagnéticos son en realidad oscilaciones en esa cuarta dimensión espacial que nos es invisible. Con el modelo que planteo se podría dar como explicación a el hecho de no poder ver o medir esa cuarta dimensión como espacial, al hecho de viajar a velocidad c a través de ella. Al movernos a esta velocidad nuestra longitud **propia** ha encogido hasta cero en dicha dimensión. Además si ponemos el sistema de referencia en nuestro espacio, tenemos que es ese "espacio exterior" el que se mueve a velocidad c respecto a nosotros y es él el que encoge a grosor cero. Esto es similar a lo que planteaba **Klein,** cuando trató de refinar la teoría de Kaluza en 1926, de tener esa cuarta dimensión espacial de muy pequeña longitud (aunque él la planteaba cerrada sobre si misma en forma de círculo) y por eso no la vemos. Pero ¿no debería detenerse nuestro tiempo al viajar a c? pues sí, pero en tiempo propio nunca lo notaremos y será el otro el que sufra el freno temporal, es esa cuarta dimensión la que se contrae y sufre el cambio temporal.

Tal vez algún día sepamos si algo de esto es cierto o no. De momento se puede considerar como una buena gimnasia mental en un intento por comprender el universo que nos rodea y en el que estamos inmersos. No olvidemos que la cuarta dimensión, temporal, es simplemente una parte del espaciotiempo en si mismo y tratarla como una dimensión a parte, como hacemos aquí, es algo artificioso.

47- ¿SON POSIBLES LOS UNIVERSOS INFINITOS?

En otras páginas he imaginado a nuestro universo como una hipersuperficie S3 de una hiperesfera de 4 dimensiones. Esto es un universo cerrado "esférico" al estilo de la superficie de la Tierra, y por lo tanto finito. Pero la proximidad que nuestro universo parece tener en cuanto a densidad a la densidad crítica hace que según los modelos de universo de Friedmann, que son los usados actualmente por los cosmólogos, se deduzca que el universo es plano y euclídeo, y por lo tanto debería ser infinito pues no parece lógica la existencia de un universo plano y a la vez finito.

El asunto de la finitud o infinitud del universo ha sido debatido desde tiempos de Aristóteles[59], el cual estaba en contra de esa posibilidad, por cierto, pero ¿Qué **consecuencias** tendría un **universo infinito**?

Tomemos para nuestro análisis un universo plano. Supongamos que nuestro universo es plano (euclídeo) e infinito.

Reflexión 1: Vamos a tratar el problema de considerar la existencia de un tiempo cósmico o fundamental. Para empezar pensemos que se trata de un universo de 2 dimensiones. Si se tratara de un universo tipo superficie esférica, un observador o "ente" que observara nuestro universo desde una dimensión extra, situado en el centro de la esfera, o en comovimiento con dicho centro, sería un observador "fundamental", para el cual todas las galaxias que en principio están estáticas respecto al globo tendrían el mismo "tiempo". Pero si imaginamos que el universo es como un folio pero infinito, que se expande uniformemente hacia todas las direcciones, en este caso un observador fundamental o "ente" que observara nuestro universo desde una dimensión extra vería una especie de sábana infinita que crece y crece sin parar. Dicho ente podría indicar un punto de dicho plano que estaría en "reposo" respecto de él y determinar que todo el resto de ese universo plano se aleja, por el crecimiento del plano, de ese punto. Dicho observador podría pensar que existe un lugar de dicho plano que es un sistema de referencia privilegiado, pues está en reposo, mientras que el resto del plano se desplaza por crecimiento respecto de ese punto. No podría decir que todos los puntos de la sábana tienen el mismo "tiempo". Sería un problema pues **no podemos hablar de un tiempo cósmico o fundamental válido para todo nuestro universo,** y si aceptamos el tiempo cósmico externo podría haber un lugar de nuestro universo plano que sería un sistema privilegiado pues los demás tendrían el tiempo más lento que ese lugar.

Reflexión 2: Por otro lado tenemos que este universo infinito tiene una densidad finita, lo cual nos lleva a otro grave problema. Podríamos determinar una esfera lo bastante grande que contuviera la suficiente materia como para ser en si misma un **agujero negro**. Es relativamente fácil hacer los cálculos del radio que tendría esa esfera, pues el volumen de una esfera es $4/3\,\pi\,r^3$ y por lo tanto la masa de dicha esfera es este valor por la densidad (usemos ρ para densidad) $M=4/3\,\rho\pi r^3$, mientras que el radio del horizonte de sucesos de un agujero negro es $r=2GM/c^2$.

Sustituyendo M en la segunda expresión tenemos que $r = 8/3\,G\rho\pi r^3/c^2$

y despejando r

$$r=\sqrt{\frac{3c^2}{8\pi G \rho}} \qquad (6.13)$$

Todos estos datos son constantes salvo la densidad del universo, pero esta densidad es en principio determinable. Tenemos que una esfera de radio como el determinado sería un agujero negro y lo que esté más allá lo vería y sentiría como tal.

Si la densidad del universo coincidiera con la densidad crítica, lo cual parece ser así en los modelos gravitatorios, podemos sustituirla en esta fórmula, $\rho_c = 3H^2/(8\pi G)$, con lo que simplificando sale que el radio de dicho agujero negro sería

$$r = c/H = ct_0 \qquad (6.14)$$

Casualmente la distancia recorrida por la luz en la edad del universo.

Si tomamos como válida la densidad aceptada según el modelo estándar, tenemos que dicho radio es de 13800 millones de años luz.

¿Vivimos en realidad dentro del un agujero negro? Esta cantidad es exactamente la misma que el tamaño del universo observable, pues no podemos observar más allá de lo que la luz ha recorrido desde el inicio del universo, pero es pequeña para un universo infinito.

La existencia de este agujero negro es un grave inconveniente para la idea de dicho universo infinito, pues las galaxias que se encuentren fuera de dicha esfera deben "ver" un agujero negro inmenso cerca de ellas. Una posibilidad para que no exista dicho agujero negro es que la densidad del universo vaya disminuyendo a medida que nos alejamos del "centro", pero esto lleva a la existencia de un centro de máxima densidad. Otra posibilidad es que la densidad media del universo sea cero, pero ya que la de nuestros alrededores no lo es tendría que serlo lejos de nosotros; es la misma conclusión que antes. Ya decía Einstein al final de su libro "El significado de la Relatividad" [2]:

> *"Un universo infinito es posible sólo si la densidad media de la materia en el universo tiende a cero. Aunque tal asunción es lógicamente posible, es menos probable que la asunción de una densidad finita de materia en el universo"*

Sólo Algunos modelos evitarían este problema. El modelo tipo Dirac-Milne, comentado un par de capítulos atrás, en el que el universo está formado simétricamente por materia y antimateria de tipo antigravitatoria, no tendría este problema, ni tampoco un universo de tipo cerrado, tipo hipersuperficie esférica, pero de tamaño menor o igual a ct_0 si la densidad es igual a la crítica, o de densidad menor que la crítica, y así el radio de ese agujero sería mayor que el tamaño de ese universo y no generaría el agujero negro.

Reflexión 3: Repasemos las conclusiones de Einstein al respecto.

Einstein comenta en su libro "Sobre la relatividad especial y general" [1] y en el citado "El significado de la relatividad" que si la densidad del universo no es cero debe tratarse de un universo con curvatura positiva y por lo tanto tipo hiperesfera S3. Esto está basado en unos cálculos que Einstein plantea en el libro "el significado de la relatividad"[2] en el que calcula el radio de un universo tipo hiperesfera que se ha curvado sobre si mismo en función de la densidad de dicho universo, y llega a la expresión (fórmula 123 de su libro)

$$a = R = \sqrt{\frac{2}{k\rho}} = \sqrt{\frac{c^2}{4\pi G \rho}} \qquad (6.15)$$

de la que se deduce que para un universo plano, es decir con R infinito, la densidad debe ser cero. Así, sólo un universo vacío o un universo tipo Dirac-Milne tendría curvatura cero y sería euclídeo, plano, según los cálculos de Einstein.

Estas deducciones de Einstein se basaban en un universo estático, sin expansión, y años después, vio que este caso se podía deducir de las ecuaciones de Friedmann siendo sólo un caso particular para un universo sin expansión, y aceptó la demostración de Otto Heckmann[57], a partir de las ecuaciones de Friedmann, de que para un universo en expansión la curvatura no tenía por qué ser necesariamente positiva, y así planteó junto a De Sitter[58] un modelo sin curvatura ni constante cosmológica, pues entonces supuso que la expansión era inercial, sin necesidad de energía oscura que la provocara, el modelo Einstein-De Sitter.

Conclusiones:

El principio cosmológico nos dice que desde cualquier punto del universo se observa aproximadamente lo mismo, pero las dos primeras reflexiones nos llevan a pensar que en un universo infinito eso podría no ser así. Además el primer razonamiento dice que no habría un tiempo cósmico definible con facilidad.

Por otro lado, como hemos seguido con la evolución del pensamiento de Einstein, con las ecuaciones de Friedmann para un universo con una expansión impulsada por la constante cosmológica y frenada por la gravedad y con una curvatura bajo los efectos de la relatividad general debemos considerar la posibilidad de un universo tanto plano como hiperbólico y por lo tanto infinito. Bajo este prisma sólo será finito el universo si la densidad media es superior, aunque sea muy ligeramente, a la densidad crítica.

La otra opción para que el universo fuera finito, cerrado, tipo hipersuperficie esférica es que sea correcto el modelo de expansión constante independiente de la gravedad y que las ecuaciones de Friedmann no sean aplicables pues el espacio se expandiría sin ser acelerado por ninguna presión de constante cosmológica ni frenado por la acción de la gravedad.

Personalmente mi mente estaría más cómoda con un **universo finito pues ello solucionaría problemas y contradicciones que el universo infinito plantea.** Tal vez sólo sea "casi euclídeo" en la precisión de nuestras mediciones, cerrado y posiblemente esférico del tipo S3.

Por último, sin necesidad de dejar de lado las aceptadas soluciones de Friedmann-Lemaitre que implican un universo hiperbólico para densidades inferiores a la crítica, tal vez sea este un universo hiperbólico de tipo octógono conectado en lados opuestos, que matemáticamente parece ser un modelo aceptable de universo **hiperbólico pero cerrado.** Lamentablemente este tipo de universo no es imaginable ni se puede hacer un símil tridimensional, sólo puede ser tratado matemáticamente. Algunas observaciones del fondo de microondas han concluido tímidamente una compatibilidad con este modelo octogonal, en el que se repetiría la misma imagen del universo múltiples veces en un patrón octogonal.

Tal vez en el futuro tengamos más datos que confirmen una cosa u otra.

48- EL EFECTO SAGNAC Y SUS CONSECUENCIAS

Hablemos sobre el efecto Sagnac, pues es algo muy usado por los "antirrelativistas" como supuesta prueba en contra. Este es un fenómeno curioso a partir del que se han construido y comercializado los "giroscopios láser".

En esencia se trata de construir un aparato que detecta giros por una diferencia de fase entre dos rayos de luz inicialmente en fase, que recorren un bucle (por ejemplo un círculo de fibra óptica) en sentidos opuestos.

Si enviamos a la vez dos rayos de luz en sentidos opuestos a través de una circunferencia de fibra óptica (puede hacerse con espejos en vez de fibra óptica, pero la fibra es más instructiva) desde un punto determinado de dicha fibra, es evidente que si dicha circunferencia gira durante el viaje de la luz, un rayo llegará antes que el otro al punto del anillo en el que se emitieron ambos. Se puede detectar mediante un interferómetro ese desfase, producido por el movimiento del interferómetro durante el viaje de la luz por el anillo, y calcular a partir de aquí la velocidad angular a la que gira el aparato.

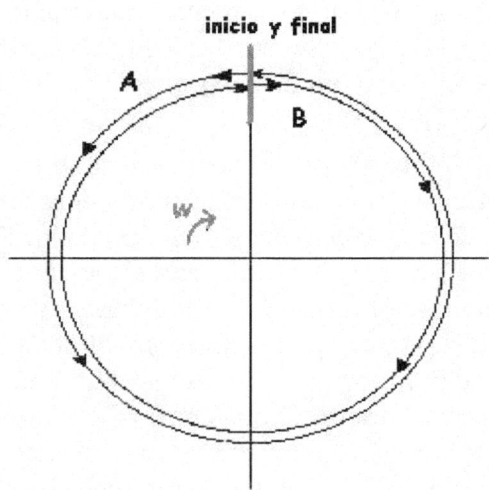

Esquema del efecto Sagnac: Por el giro determinado por la velocidad angular w del aparato, el rayo B tardará más en llegar al punto de partida que el rayo A, ya que el punto de inicio y final de la experiencia avanza en la misma dirección que B.

Estos experimentos detectan velocidades de giro tan débiles como 0,00001 grados por hora y por lo tanto podrían detectar el giro de la Tierra sobre su eje (15 grados en una hora).

La experiencia de Sagnac no es en sí misma un giroscopio. Sólo es una experiencia que detecta un efecto que nos indica una velocidad angular. Los giróscopos basados en el efecto Sagnac usan dicho efecto para calcular la velocidad angular en cada instante. Es un dispositivo electrónico complejo que hace cálculos a partir del efecto Sagnac. No es el aparato de la experiencia de Sagnac.

Una pregunta que surge de este experimento y estos aparatos es ¿es detectable con experimentos de laboratorio el giro de la Tierra?. La respuesta es que sí se detecta. Podríamos pensar en llevar uno de estos aparatos a uno de los polos de la Tierra para detectarlo, pero en realidad no es necesario llevar el giroscopio al polo pues en cualquier latitud media, ya sea en Madrid o en Buenos Aires) cada día el giroscopio también girará 360 grados, aunque el aparato resultará estar un poco inclinado pero con compensar la inclinación situando el aparato en un plano paralelo al plano del ecuador esto queda resuelto. De hecho no hace falta el experimento de Sagnac para detectar el giro de la Tierra, basta con el péndulo de Folcault.

En 1904 Michelson ya propuso la idea de usar un aparato similar para medir la rotación de la Tierra sobre su eje, pero no se hizo a hasta 1925 por considerarse innecesario. De todos modos en 1925 lo realizó junto a Gale[62] con el objetivo principal de refutar la teoría balística de la luz (en la que la velocidad de la luz dependería de la velocidad del emisor) y también refutar la teoría de un éter totalmente arrastrado. Lo realizó y obtuvo un desplazamiento de 230/1000 de fase, que confirmaba la velocidad de giro de la Tierra sobre si misma y por lo tanto refutaba las dos teorías que comentaba unas líneas antes. Los "relativistas" de la época lo tomaron como una prueba de la teoría de la relatividad, pero Michelson se dio cuenta y dijo que era tanto prueba de la relatividad como de un éter estacionario.

Pero la cuestión es que **sí se detecta el giro de la Tierra** por un medio lumínico, cosa que no pudo hacer la experiencia de Michelson-Morley (ver capítulo 1) que intentaba lo mismo, pero cuidado, la experiencia de Michelson fue diseñada para detectar movimientos rectilíneos, velocidad de avance, no giros, no velocidad angular, no son la misma experiencia.

Aquí la contracción de longitudes y la dilatación temporal no influyen por dos razones:

1- Ambos trayectos de luz se verán afectados en la misma medida compensándose los efectos.

2- El efecto es despreciable a estas velocidades frente al otro efecto (puramente galileano) observado con claridad.

Así que por "1" este resultado no contradice a los efectos de contracción de longitudes ni a la dilatación temporal, o sea no contradice al experimento de Michelson-Morley. Es un experimento más a incluir en la teoría igual que lo está el de Michelson-Morley.

Aún así, alguno podría pensar que esta detección contradice a la teoría de la relatividad especial pues podríamos pensar que respecto a un punto del aparato (por ejemplo el detector) todo el aparato está en reposo, y entonces, no debería percibirse diferencias en los trayectos. Sin embargo de hecho el aparato gira y no sería correcto considerar inercial ese punto, pero aunque consideremos ese punto de la circunferencia en reposo, pero con una imaginaria aceleración gravitatoria, debemos considerar a todo el sistema como girando sobre si mismo con eje de giro en ese punto, y así los recorridos de la luz en un sentido y en el otro serán de diferentes longitudes desde este punto de vista, por el desplazamiento del anillo y por lo tanto de los recorridos de la luz, y de este modo, aunque la velocidad de la luz sea la misma en ambos sentidos para ese observador "pseudoinercial", llegará de vuelta en instantes diferentes al detector, según sea el rayo de luz 1 o el 2, y se producirá igualmente el desfase.

Así, se llegan a las mismas conclusiones bajo un punto de vista de la RE que bajo un punto de vista "etéreo", y de este modo ni se contradice ni se confirma la RE.

Otra respuesta a toda posible paradoja con el efecto Sagnac sería que la superficie de la Tierra en giro no es inercial. Muchos antirrelativistas usan esta experiencia de Sagnac como "prueba" de que el éter o el espacio absoluto de referencia existe. No hay tal prueba, como por ejemplo el péndulo de Folcault no prueba la existencia de ningún sistema de referencia privilegiado. Simplemente prueba que la Tierra gira sobre si misma.

Y sigamos pensando e imaginando y planteemos: ¿detectará el giro de la Tierra alrededor del Sol? Veamos, 360 grados en 365 días => más o menos un grado por día = 0,041666 grados por hora

¡Pues debería!

La cuestión es **¿detecta el giro en órbitas planetarias?** o ¿son inerciales las órbitas planetarias? La conclusión es que sí se detectan y **no son totalmente inerciales por lo tanto**. Estos objetos en órbita, en el mejor de los casos, serían equivalentes a inerciales pero en giro respecto a ese sistema de referencia inercial que representa ese objeto en órbita, o simplemente inerciales localmente pero no en general.

Imaginemos un aro de fibra óptica en toda la longitud de una órbita de la Estación Espacial Internacional girando junto a ella, y desde la estación envío un rayo de luz en los dos sentidos a lo largo del aro de fibra. La estación detectará un tiempo diferente en la llegada de vuelta de ambos rayos de luz. O simplemente subamos un giróscopo tipo Sagnac a la estación espacial y veamos si percibe el giro de dicha estación alrededor de la Tierra. Por supuesto que lo percibe. O más simple aún, La Tierra misma es un giróscopo que da vueltas alrededor del Sol y mantiene su inclinación de eje, su posición, por lo que se producen veranos e inviernos y por lo tanto... se detecta el giro de La Tierra alrededor del Sol.

A partir de aquí hemos de deducir que una **órbita** o caída libre **no es completamente inercial** y por lo tanto no es un sistema totalmente equivalente a uno inercial, al menos para la relatividad especial, pero podría ser considerado un **sistema inercial que gira, o simplemente un sistema inercial sólo localmente, en un diferencial de espacio, de modo que para movimientos o recorridos largos no se puede usar como inercial.**

La experiencia de Sagnac es usada en muchos foros y páginas web para argumentar en contra de la teoría de la relatividad o para argumentar a favor la existencia del éter, pero me temo que los razonamientos que podemos encontrar no son adecuados.

Es cierto que la experiencia de Sagnac es compatible con un medio soporte para la luz no arrastrado por el aire, tipo éter, pero también lo es con la teoría de la relatividad especial.

Veamos otro punto de vista relativista. Desde el punto de vista de un astronauta en órbita en la estación espacial considerado inercial es el aparato el que gira sobre si mismo. La luz se moverá a velocidad c uniforme localmente, respecto a dicho sistema de referencia pero observará que el detector del aparato avanza hacia un rayo de luz y se aleja del otro. Igual que cuando tratamos con experimentos mentales de rayos de luz en un tren en movimiento. No es que la luz avance a c+v sino que desde nuestro punto de vista de sistema inercial vemos que el receptor y el rayo se acercan mutuamente a c+v. Pero la velocidad sigue siendo c respecto al sistema de referencia tomado.

Una vez esto está claro tenemos que las dos opciones, el éter y la relatividad, son compatibles con la experiencia de Sagnac, pero eso no significa que la experiencia de Sagnac sea prueba de ninguna de las dos.

Y entre dos opciones en principio con las mismas probabilidades pero una de ellas capaz de hacer múltiples predicciones comprobables y comprobadas (RE) mientras la otra no hace ninguna predicción comprobable...se comprende ahora por qué triunfa la relatividad frente al "medio soporte".

¡CAPACIDAD PREDICTIVA!

Y ahora, poniéndonos en plan relativista puro, la carencia de capacidad predictiva hace que el éter o medio soporte de la luz se convierta en algo afísico.

Leyendo un artículo se comentaba una frase de **Ernst Mach** que está en la mente de casi todo físico actual: según él, una afirmación o bien es demostrable empíricamente, o bien es puramente "metafísica".

Por último decir que, como dijo Michelson cuando hizo la experiencia de Sagnac para el giro de la Tierra..."**Sólo se prueba que la Tierra gira**", y la existencia de giros no está en contra de la relatividad ni prueban la existencia del éter, aunque tampoco está en contra de él.

49- EL SIGNIFICADO DE LA CUARTA TRANSFORMACIÓN DE LORENTZ. SINCRONIZANDO RELOJES

Cuando observas y estudias un poco las transformaciones de Lorentz[61] es inevitable marearse un poco con la cuarta ecuación de transformación. La del cálculo de t' en función de t (ver fórmula 2.15):

$$\mathbf{t'} = (\mathbf{t} - \mathbf{vx/c^2})\gamma \qquad (6.16)$$

$$(\text{siendo } \gamma = \frac{1}{\sqrt{1-\frac{v^2}{c^2}}})$$

Si aplicamos esta ecuación a diversas situaciones podemos ver a que me refiero. Para entendernos llamaremos A al sistema en "reposo" y B al sistema en movimiento.

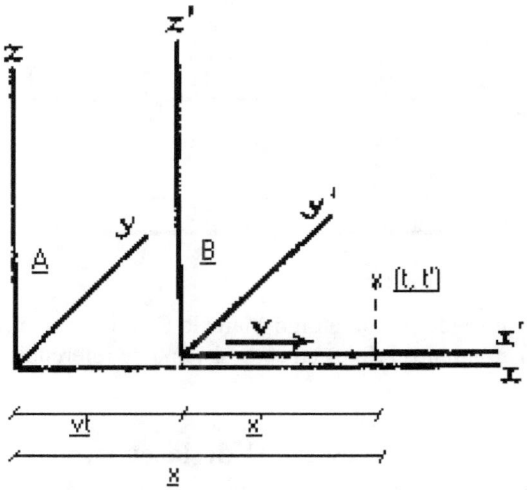

Para un reloj que se mueva junto al origen de coordenadas móvil, el B, su coordenada x será igual a vt, y tenemos que

$$t'=(t-vvt/c^2)\,\gamma = t(1 - v^2/c^2)\,\gamma = t\,\gamma/\gamma^2 = t/\gamma \qquad (6.17)$$

así que t' es menor que t en un factor $1/\gamma$, cosa que era de esperar por la conocida dilatación temporal de la RE.

Para t=0 y x= 0 resulta que t' = 0, cosa evidente pues acaba de empezar la experiencia y aún no ha habido movimiento ni transcurso de tiempo. Simplemente los relojes de los orígenes de coordenadas de A y B coinciden en el tiempo y el espacio y están sincronizados a cero.

Pero para t=0 si queremos ver que vale t' en distintos puntos del eje x, sustituyendo t=0 en (6.16), resulta que t' = $(-vx/c^2)\,\gamma$

O sea que cuanto más avanzamos en el eje x tenemos que t' es menor haciéndose cada vez más negativo, y para valores negativos de x resulta que t' es mayor haciéndose positivo y creciendo a medida que nos alejamos hacia la izquierda. Además estos valores de t' son mayores en valor absoluto cuanto mayor es v.

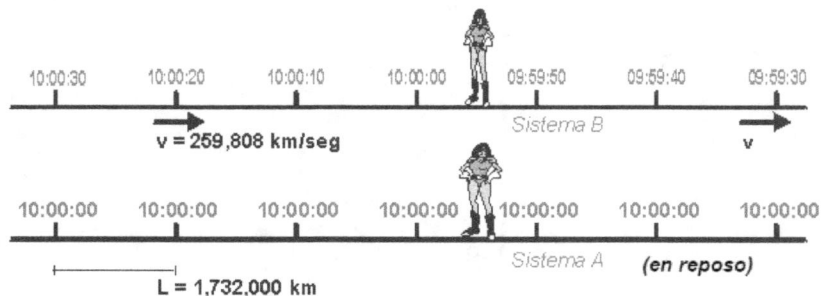

(Gráfico prestado por mi amigo Marcelo Crotti[67] que muestra lo que marcarían unos relojes en cada sistema de referencia según las TL)

La cuestión es **¿qué es ese t' de la cuarta de Lorentz que puede ser mayor o menor que el t en reposo según sea más adelante o atrás en el eje?**

La respuesta la podemos obtener analizando el método de **sincronizar relojes** que nos propone Einstein en sus artículos y libros.

SINCRONIZANDO RELOJES

Si tenemos dos relojes a una distancia determinada el uno del otro, una forma lógica y simple de sincronizarlos (al menos si están muy alejados) es mandar una **señal electromagnética desde el punto medio** de los dos simultáneamente hacia los dos relojes. Cuando la señal llegue a ellos pondremos los relojes en hora y podemos suponer que están sincronizados. Al menos esto será cierto siempre que se acepte que la velocidad de la luz en cualquier sistema de referencia es siempre la misma independientemente de la dirección y del movimiento relativo del sistema en cualquier dirección.

Pero si esta sincronización se ha realizado para el sistema de referencia en movimiento B y **observamos la sincronización desde el sistema en "reposo" A**, podemos considerar que la velocidad de desplazamiento del sistema de referencia (y de los relojes unido a él) influyen en el resultado, pues el rayo de luz llegará antes a un reloj que a otro, y tendremos que, desde el punto de vista del sistema A, la sincronización de los relojes ha sido **"errónea"**, habiendo un **desfasaje** entre los relojes. Un observador en A "verá", que los relojes están mal sincronizados.

Para **calcular cuanto será ese desfasaje** supongamos dos relojes M y N separados por una distancia D, y que se mueven a velocidad v hacia la derecha **respecto a un sistema de referencia en reposo.**

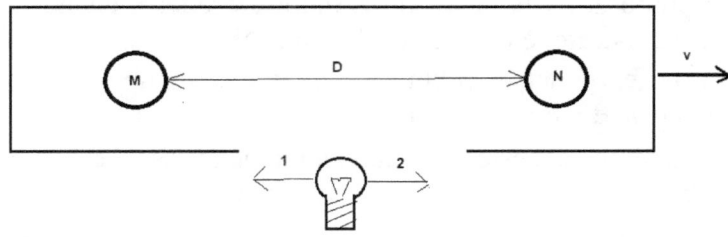

Si lanzamos un rayo de luz desde el punto medio entre M y N simultáneamente hacia M y N, y lo observamos desde el sistema de referencia en "reposo", podemos calcular el tiempo T_M y T_N que tardarán los rayos 1 y 2 en llegar a los puntos M y N, visto de la lámpara en supuesto reposo.

Como M se ha desplazado hacia la derecha durante el trayecto de llegada de la luz tenemos que

$$vT_M + cT_M = D/2 \qquad (6.18)$$

y entonces $T_M = (D/2)/(c+v)$, mientras que por un razonamiento similar $T_N = (D/2)/(c-v)$. Como podemos ver, al desplazarse los relojes hacia la derecha esto equivale a efectos de cálculo a decir que el rayo de luz 1 se acerca a M a velocidad c+v y el rayo 2 se acerca a N a velocidad c-v, llegando la señal antes a M que a N (naturalmente esto es sólo desde el punto de vista del sistema en reposo, que es el nos incumbe en la experiencia mental).

Así

$T_N = (D/2)/(c-v)$ y $T_M = (D/2)/(c+v)$ \qquad (6.19)

y restándolos

$$T_N-T_M = (D/2)/(c-v) - (D/2)/(c+v) \qquad (6.20)$$

que reduciendo a común denominador y simplificando queda en

$T_N-T_M = Dv/(c^2-v^2)$ que dividiendo entre c^2 numerador y denominador resulta

$$T_N-T_M = (Dv/c^2)/(1-v^2/c^2) = (Dv/c^2)\gamma^2 \qquad (6.21)$$

Este seria el tiempo de retraso en ponerse en hora el reloj N respecto al M medido desde el sistema en reposo. O sea que, desde el punto de vista de un observador en reposo, cuando el reloj M se ha puesto en hora resulta que N aún espera un tiempo $(Dv/c^2)\gamma^2$ en ponerse en hora y durante ese tiempo el reloj M sigue avanzando temporalmente.

Llamémosle a este lapso de tiempo de retraso Tr. Entonces

$$T_r = (Dv/c^2)\gamma^2 \qquad (6.22)$$

Pero desde este punto de vista no podemos olvidar que los relojes de un sistema en movimiento van enlentecidos en comparación a los que están en reposo. Así que, desde el punto de vista del observador en reposo (por supuesto), el reloj M sigue avanzando desde su puesta en hora a un ritmo menor que un reloj en reposo en un factor $1/\gamma$ (que siempre es menor o igual que uno). Así resulta que el retraso de N (o el adelanto de M, según se mire) bien calculado será:

$$T'_r = 1/\gamma \ (Dv/c^2)\gamma^2 = (Dv/c^2)\gamma \qquad (6.23)$$

Así que **desde el punto de vista del sistema en reposo el reloj N se pondrá en hora con un retraso $(Dv/c^2)\gamma$ respecto al reloj M** y marchará retrasado a partir de ese momento en dicha cantidad, aunque en el sistema en movimiento crean que la sincronización es correcta. Pero ¿están sincronizados incorrectamente o no, si no podemos decidir cual de los dos sistemas está más en reposo que el otro? entramos en el mundo físico-filosófico de la relatividad de la simultaneidad. ¿Realmente estaba la lámpara en reposo y los relojes se movían o era al revés?. La relatividad del movimiento nos impide decidirlo.

Otro modo de llegar a este mismo resultado es usando las Transformaciones de Lorentz. Veamos como.

Primero recordemos dado que N va retrasado respecto a M, la diferencia entre lo que marca el reloj M y el reloj N es: $-(Dv/c^2)\gamma$. Vamos a tratar de llegar a este mismo resultado con las TL.

Calculemos la diferencia entre dos t' del sistema en movimiento para un instante t (en reposo) dado. Lo haremos restando los t' de dos puntos x_1 y x_2 según las TL (6.16)

$t'_2 - t'_1 = (t - vx_2/c^2)\gamma - (t - vx_1/c^2)\gamma = (-vx_2/c^2)\gamma - (-vx_1/c^2)\gamma$

es decir

$$t'_2 - t'_1 = -(v/c^2)(x_2 - x_1)\gamma \qquad (6.24)$$

Si consideramos que en un instante determinado del sistema en reposo resulta que x_1 = posición de M y x_2= posición de N, tenemos que $x_2 - x_1 = D$. Entonces **esta expresión será la diferencia de tiempos que marcan los relojes M y N en un instante dado cualquiera desde el punto de vista del sistema en reposo.**

Así que tenemos que la diferencia entre dos t' de las TL para un mismo instante t no es más que el retraso (6.23), observado por el sistema en reposo, que se produce al sincronizar dos puntos en comovimiento, por el sistema del rayo de luz desde el centro.

Entonces podemos llegar a la **conclusión** de que esa t' de la cuarta transformación no es más que el tiempo que marcará un reloj en el sistema en movimiento si lo sincronizamos en movimiento lumínicamente con uno situado en el origen de coordenadas del sistema que se mueve. Como veíamos al principio $t' = (t - vx/c^2)\gamma$ y como para todo el sistema en reposo el tiempo es el mismo ocurre que en cada punto del sistema en movimiento tenemos un tiempo diferente justo en la medida que provoca el método de sincronización lumínica visto desde el sistema en reposo. A esta conclusión ya llegó Henri Poincaré[71][72] a principios del siglo XIX, dándole una interpretación física al "tiempo local" de Lorentz.

¿Prueba esto la existencia de un sistema privilegiado?

Algunos pueden pensar que el haber partido de un sistema en reposo con relojes sincronizados comparado a otro en movimiento con relojes desincronizados puede ser suficiente para probar que el sistema de referencia en supuesto reposo es privilegiado y es el único que se puede considerar a si mismo en reposo. Pero lo cierto es que si no comparamos los sistemas con el resto del universo para ver si se mueven o no, el sistema en supuesto movimiento puede pensar razonablemente que él es el que está sincronizado correctamente (pues él no sabe de su desincronización e hizo una sincronización que en principio debía ser válida), entonces al comparar reloj a reloj con el que tiene enfrente del otro sistema medirá que son los relojes del otro sistema (el que estaba en supuesto reposo) el que tiene los relojes desincronizados.

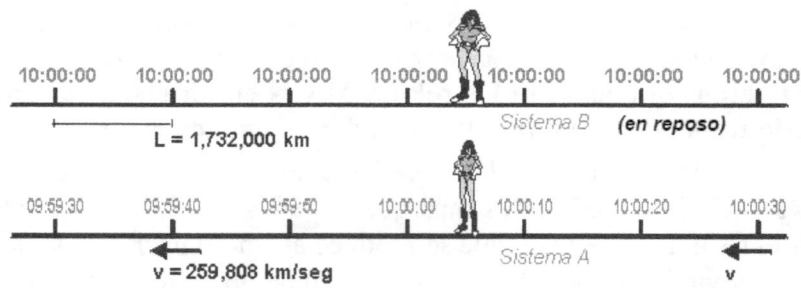

La desincronización relativa es idéntica para los dos sistemas de referencia y no podemos averiguar por medio de ella quien es el que está en reposo, si es que se puede hablar de ello.

Así para un punto fijo de A observado desde B tenemos que el tiempo transcurre más lento en A pero para un punto fijo en B observado desde A tenemos que el tiempo transcurre más lento en B.

UNA POSIBLE IMPLICACIÓN DE ESTE ESTUDIO

A partir de aquí se puede llegar a una conclusión interesante respecto a sistemas de referencia. Esta conclusión es que en el caso de dos sistemas de referencia inerciales es **imposible determinar, en base a las Transformaciones de Lorentz,** cual de los dos sistemas es el que se mueve, o **si uno de ellos está en reposo**, pues cada uno creerá que es él, y las cuentas le saldrán bien.

Lamentablemente la única forma con la que se podría decidir si un sistema está en reposo absoluto o no (en el caso de que pudiéramos hablar de ello) es la comparación con el resto del universo. En concreto la observación del desplazamiento dipolar del fondo de microondas podría ser la única respuesta, pero aún así no se puede afirmar que nos movamos y siempre se puede decir que tal vez sea el fondo de microondas el que se mueve y no nosotros. El espíritu de la relatividad prevalece.

A pesar de todo, la comprensión de esta t' de las transformaciones de Lorentz nos empuja a aceptar que éstas son **compatibles**[73] **con la existencia de dicho sistema de referencia absoluto** aunque no nos ayuden a identificarlo, pues podría ser, desde un punto de vista lorentziano, que existiera dicho sistema de referencia absoluto pero las desincronizaciones de relojes nos impiden detectarlo. No implica que no exista sino que no se puede definir o identificar. Al fin y al cabo cuando Lorentz creó sus ecuaciones de transformación lo hizo en base a la existencia de un sistema de referencia absoluto en el que creía (el éter), aunque Einstein luego demostró que su existencia era superflua e innecesaria.

50- EL PRINCIPIO DE RELATIVIDAD

¿Por qué se llama Teoría de la Relatividad a la Teoría de la Relatividad?

En realidad no es porque "todo es relativo", sino por el principio de relatividad.

Galileo Galilei estableció el principio de relatividad por vez primera. Era un principio de **relatividad del movimiento**: "Todo movimiento es relativo a un sistema de referencia". Según esto no podemos determinar si un objeto se mueve o no de modo rectilíneo y uniforme si no tomamos primero un sistema de referencia respecto al cual exista ese movimiento. Se puede resumir en un *principio de indeterminación del reposo absoluto*, pues si pudiéramos determinar que algo está en reposo absoluto, entonces ya tendríamos un sistema de referencia privilegiado al que referir todos los demás movimientos, y el principio de relatividad no sería válido.

Cuando se descubrió que la velocidad de la luz no era infinita se pensó que el principio de relatividad ya no sería válido, pues la velocidad de la luz debería depender de la dirección del movimiento del sistema de referencia y midiendo la velocidad de la luz en distintas direcciones se podría determinar hacia que dirección se mueve el sistema de referencia (por ejemplo la Tierra).

Pero con la experiencia de Michelson y Morley y otras experiencias similares se comprobó que seguía sin poderse determinar la ubicación del reposo absoluto o simplemente determinar a que velocidad se movía un objeto a través del espacio. El principio de relatividad se mantenía intacto.

A partir de aquí Lorentz desarrolló sus ecuaciones relativistas, las Transformaciones de Lorentz para cambio de sistema de coordenadas. Además Einstein desarrolló sus teorías de la relatividad especial y general, y todas sus fórmulas relativistas, con lo que muchas experiencias cobraron sentido y otras fueron predichas con precisión.

Una de las consecuencias que surge del propio principio de relatividad es la existencia de las ondas gravitatorias, la idea de que la gravedad se transmite a la velocidad de la luz. Como comentamos en el capítulo 19, esto es así porque si se transmitiera de modo instantáneo podríamos idear una experiencia de comunicaciones instantáneas en la que se producirían paradojas temporales (ver capítulo 12) o, si rechazamos la paradojas temporales, podríamos establecer una "sincronización absoluta" (cosa imposible de momento), de relojes y con ello podríamos determinar un sistema de referencia privilegiado asimilable al absoluto de referencia.

Así que si creemos que el principio de relatividad es correcto debemos creer también que ni la gravedad ni ninguna otra cosa se puede transmitir a mayor velocidad que la luz.

En realidad por eso se dice que la velocidad de la luz es la máxima posible del universo: porque si no fuera así el principio de relatividad no sería válido.

Newton decía que el espacio absoluto o **sistema absoluto de referencia** debía entenderse como "**una visión divina**". Era algo que sólo podía ser percibido "desde fuera" de nuestro universo, por ejemplo por Dios.

Tal y como conocemos el principio de relatividad actualmente, tal vez esta concepción sea la única posible del reposo absoluto o el movimiento de modo absoluto. Esto parece en principio absurdo e inabarcable para el ser humano, pero el universo de Einstein es curvo y puede ser cerrado y finito por lo tanto. En este supuesto el espacio se cierra sobre si mismo de modo que si avanzamos lo suficiente en línea "recta" podríamos volver al punto de partida. Bajo este modelo de universo finito y cerrado al estilo de una hipersuperficie esférica (igual que para nosotros la superficie de la Tierra es cerrada y finita, pero con una dimensión más) es posible imaginar un "ente" observando nuestro universo desde un punto exterior a dicho universo, observando por medios no lumínicos sino con otras percepciones instantáneas y viendo nuestro universo de un modo ABSOLUTO. Desde otra dimensión.

51- BUSCANDO SISTEMAS INERCIALES

Los amplios debates sobre las paradojas de gemelos y el efecto Sagnac llevan a menudo a un mismo asunto: ¿Cómo reconocer un sistema inercial?

Si el gemelo que se mueve no es inercial, no valdrá como sistema de referencia, ni podrá deducir que el otro se mueve, ni que los relojes del otro se frenan, ni... nada. Todo se hará desde el punto de vista del hombre en "reposo".

El problema reside en que en principio un sistema inercial puro (movimiento rectilíneo uniforme) es prácticamente imposible de encontrar estrictamente hablando, pues ¿acaso existe un sistema de referencia absoluto? y ¿no está todo influido por la gravedad?

Por otro lado ¿es la caída libre o un cuerpo en órbita un sistema inercial? El efecto Sagnac nos dice que no del todo pues gira (ver capítulo 48).

Sin embargo la velocidad de la luz parece constante en experiencias de ida y vuelta tipo Michelson para intervalos inerciales locales en la órbita de la Tierra y las conclusiones de la RE son aplicables desde sistemas inerciales hacia sistemas no inerciales (relojes más lentos, masa aumenta en sistemas en movimiento, sea inercial o no).

A veces todo esto nos lleva a confusiones intelectuales y nos empuja a no poder encontrar los sistemas inerciales equivalentes relativísticamente hablando. El mismo Einstein dijo en *'El significado de la relatividad'*[2]:

> *"¿Cual es la justificación de nuestra preferencia por los sistemas inerciales frente a todos los demás sistemas de coordenadas, preferencia que parece estar sólidamente establecida sobre experiencias basadas en el principio de inercia? La vulnerabilidad del principio de inercia está en el hecho de que requiere un razonamiento que es un círculo vicioso: Una masa se mueve sin aceleraciones si está lo suficientemente alejada de otros cuerpos; pero sólo sabemos que está suficientemente alejada de otros cuerpos cuando se mueve sin aceleración"*

Y así podemos plantear casi sin querer a una conclusión que, advierto, puede parecer poco ortodoxa en el mundo de la relatividad, y aún con dudas la expondremos a continuación, aunque de momento debe ser tomada con reservas.

Pues bien, cuando Einstein propuso su principio de relatividad se basó en que los sistemas inerciales parecían tener una velocidad indeterminable, y sólo vemos un tipo de sistema inercial cuyo movimiento sea indeterminable totalmente, con el argumento en base al efecto Doppler contra el fondo de microondas del espacio, ya que en cierto modo podemos determinar nuestra velocidad respecto al dicho fondo de microondas.

Ese **sistema inercial de velocidad indeterminable** será el **asociado** a aquel observador que no perciba ninguna diferencia significativa en el **fondo de microondas** mire hacia donde mire; el que esté en reposo respecto al fondo de microondas. Este sistema de referencia inercial será un sistema privilegiado, aunque aún así la velocidad de la luz será la misma para todo sistema en movimiento rectilíneo uniforme localmente.

Evidentemente la Tierra no es inercial de velocidad indeterminable pues se mueve a unos **370 km/s** respecto al fondo de microondas por la traslación del sol alrededor de la galaxia y por el propio movimiento de la galaxia. Si nos moviéramos (respecto a la Tierra o mejor al Sol) a dicha velocidad en dirección contraria (**hacia la constelación de acuario**) SÍ seríamos un **sistema inercial más puro** (ver apartado sobre el fondo de microondas para más datos).

Una vez definido dicho movimiento podemos deducir un sistema de referencia en reposo respecto al fondo de microondas, y por lo tanto podemos concluir que aproximadamente el centro de nuestro cúmulo o supercúmulo de galaxias sería un buen sistema de referencia inercial si estuviera en reposo respecto al fondo de microondas.

Pero esto no está exento de problemas, pues ¿acaso nuestro cúmulo de galaxias es privilegiado respecto al resto de galaxias o cúmulos de galaxias que se alejan de nosotros?

No parece lógico.

Es de suponer que desde cada cúmulo de galaxias se observe lo mismo que observamos desde la nuestra y entonces cada galaxia aislada o cúmulo de galaxias sea un sistema inercial en si mismo si está estático respecto al fondo de microondas, y todo lo que se encuentre en el interior de dicha galaxia se mueve respecto al sistema de coordenadas situado en el centro de dicha galaxia o cúmulo de galaxias estático respecto al fondo de microondas.

O si se mueve ese centro simplemente tendrán que realizar la misma operación de observar a que velocidad se mueven respecto al fondo de microondas para deducir su sistema de referencia inercial.

De este modo tendríamos un tiempo base, llamémosle "cosmológico", y un sistema de referencia cosmológico "semiabsoluto". Es el llamado "**marco comóvil cosmológico**", donde un observador comóvil es el observador que percibe que el universo, incluida la radiación cósmica de fondo de microondas, es isótropo, y el "**tiempo comóvil**" es el tiempo transcurrido desde el Big Bang según el reloj de un observador comóvil, y es una medida del tiempo cosmológico.

La pregunta clave ahora es ¿Que pasa entonces en un punto vacío situado entre dos cúmulos de galaxias? Pues quien esté allí que haga lo mismo, "mirar al fondo de microondas para ver hacia donde va y a que velocidad se mueve".

Otra paradoja que aparece es "supongamos un objeto de nuestra galaxia que se mueve alejándose de nuestro sistema a la misma velocidad y misma dirección y sentido que lo hace una galaxia X situada a Y años luz de nosotros. ¿Para este objeto no será su sistema de referencia inercial la galaxia X?"

La respuesta que veo es evidente: que mire al fondo de microondas y lo sabrá. Para pertenecer al mismo sistema inercial tendría que tener el mismo vector velocidad respecto al fondo de microondas que la galaxia comparada.

52- UNA EXPERIENCIA Y TRES PUNTOS DE VISTA. DOS NAVES EN DIRECCIONES OPUESTAS. Ejercicio físico-matemático

Supongamos que desde la Tierra (supuesta en reposo o simplemente inercial de cara a nuestros cálculos, aunque también podríamos usar el Sol como sistema de referencia para nuestra experiencia) enviamos una sonda espacial o nave en una dirección a gran velocidad ($v=0,6c$) y otra en dirección opuesta a la misma velocidad respecto de nuestro sistema de referencia. Es el instante t=0.

Las sondas llevan a bordo sendos relojes atómicos previamente sincronizados en el momento de partida.

La sonda 1 (SAT1) está programada para que cuando transcurra un tiempo T (podría ser *1 año*) envíe una señal (con la hora de su reloj codificada) que será recibida por la Tierra y por la otra sonda (SAT2) un tiempo después. SAT2 está programado para que cuando reciba la señal de SAT1 devuelva una señal (también con su hora de reloj codificada).

Así, ya sea desde las sondas o desde la Tierra, recibimos las señales con las horas a las que llegó cada señal a la sonda y podemos comprobar si coinciden con los cálculos.

Veamos ahora tres puntos de vista para realizar los cálculos e intentar predecir el resultado. ¿Cual será el que se cumpla?

DESDE UN PUNTO DE VISTA NEWTONIANO (O ABSOLUTISTA PURO)

Tenemos que SAT1 enviará su mensaje cuando esté situado a una distancia de la Tierra $e_1 = vt_1 = 0,6 \cdot 1 = 0,6$ años luz.

SAT2 recibe la señal de SAT1 cuando esté a e_2 de la Tierra

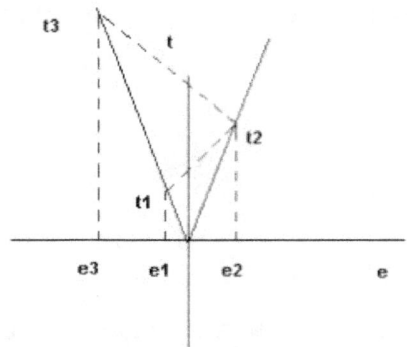

$e_2 = vt_2$
$e_1 + e_2 = c(t_2 - t_1)$

sustituyendo y despejando

$vt_1 + vt_2 = ct_2 - ct_1$
$\mathbf{t_2} = t_1(c+v)/(c-v) = 1(1+0,6)/(1-0,6) = \mathbf{\textit{4 años}}$
$t_2/t_1 = (c+v)/(c-v) = 4$

por otro lado

$e_3 = vt_3$
$e_2 + e_3 = c(t_3 - t_2)$

sustituyendo y despejando

$vt_2 + vt_3 = ct_3 - ct_2$
$\mathbf{t_3} = t_2(c+v)/(c-v) = 4(1+0,6)/(1-0,6) = \mathbf{\textit{16 años}}$
$t_3/t_2 = (c+v)/(c-v) = 4$
y así
$\mathbf{t_3/t_1} = (c+v)^2/(c-v)^2 = \mathbf{16}$

DESDE UN PUNTO DE VISTA DE EINSTEIN

Podemos tomar cualquier objeto inercial como sistema de referencia, así que tomaremos a SAT1 como tal.

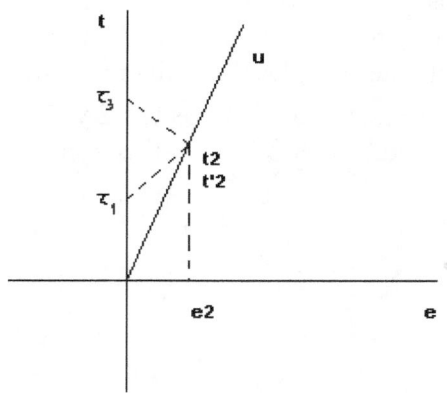

Entonces la velocidad de SAT2 no es v ni 2v sino u hallado por teorema de adición de velocidades.

$u = (v+v)/(1+vv/c^2) = (0,6+0,6)/(1+0,6^2) = 0,882353$

$1/\gamma = (1-u^2/c^2)^{1/2} = (1-0,882353^2/1^2)^{1/2} = 0,470588$

y ahora existe un t_2 para el sistema de referencia y un t'_2 para SAT2, pues su tiempo "funciona" a menor velocidad, pero t_1 sigue siendo 1 año.

$e_2 = ut_2$

$e_2 = c(t_2 - t_1)$

sustituyendo y despejando

$ut_2 = ct_2 - ct_1$

$ct_1 = ct_2 - ut_2$

$t_2 = t_1 c/(c-u) = 1 \cdot 1/(1-0,882353) = 8,5$ años

y

$\mathbf{t_3 = t_1 + 2(t_2 - t_1) = 1 + 2(8,5 - 1) =}$ **16 años**

$t_3 = t_1 + 2(t_1 c/(c-u) - t_1) = t_1(1 + 2c/(c-u) - 2) = t_1(2c/(c-u) - 1)$

$\mathbf{t_3/t_1} = 2c/(c-u) - 1 = (c+u)/(c-u) = (1+0,882353)/(1-0,882353) = \mathbf{16}$

pero la información que recibimos de SAT2 no es t_2 sino t'_2

$\mathbf{t'_2} = t_2/\gamma = 8,5 \cdot 0,470588 =$ **4 años**

UN PUNTO DE VISTA INTERMEDIO

Ahora vamos a verlo desde el punto de vista de la Tierra pero con tiempos propios menores en cada sonda. También sería un punto de vista relativista, pero se podría decir que es algo más suave que el anterior. ¿Dará el mismo resultado?

Así tendremos unos tiempos t1, t2 y t3 vistos desde el sistema de referencia de la Tierra y otros t' propios de cada sonda.

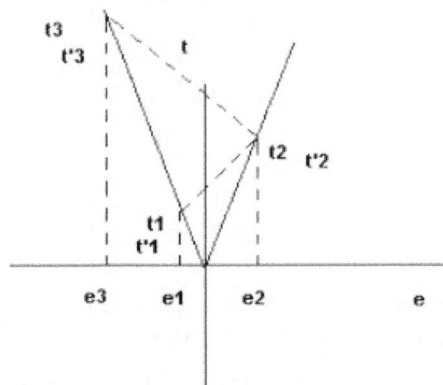

Ahora
$1/\gamma = (1-v^2/c^2)^{1/2} = (1-0,6^2/1^2)^{1/2} = 0,8$
$t'_1 = 1$ años
$t_1 = t'_2/\gamma = 1,25$ años
$t_2 = t_1(c+v)/(c-v) = 1,25(1+0,6)/(1-0,6) = 5$ años
$t'_2 = t_2/\gamma = 4$ años
$t_3 = t_2(c+v)/(c-v) = 5(1+0,6)/(1-0,6) = 20$ años
$t'_3 = t_3/\gamma = 16$ años
t'_3/t'_1 $= (t_3/\gamma)/(t_1/\gamma) = t_3/t_1 = (c+v)^2/(c-v)^2 =$ **16**

Como podemos ver, todos los resultados son *idénticos* en los tres modos de estudiarlo.

Además, para comparar mejor **t'_3/t'_1**, he realizado una simplificación mayor de lo obtenido en el segundo caso y el resultado es $(c+v)^2/(c-v)^2$ que es idéntico a los demás.

53- UN DEBATE SOBRE LA PARADOJA DE LOS GEMELOS.

Desde la época de Einstein se han sucedido y se sucederán probablemente durante siglos debates sobre la paradoja de los gemelos. Y es curioso ver como los argumentos y contraargumentos se repiten a lo largo de los años. Es uno de los debates casi inacabables que existen y en el que todo interesado en la relatividad cae. Y en mi opinión siempre se repetirá mientras la teoría de la relatividad sea tan difícil de entender para mucha gente.

Por todo lo anterior he pensado que sería interesante incluir aquí un debate sobre la paradoja de los gemelos que sostuvimos durante más de un mes en el foro de relatividad en español de yahoogroups ya cerrado, hace años.

Recomiendo que el debate sea tomado como lo que es, un debate informal entre aficionados y físicos y no tomar al pie de la letra todo lo que se dice, y que se perdonen las faltas de ortografía típicas de un chat.

[ANGEL]
Es famosa la paradoja de los gemelos, en la que tenemos dos gemelos uno de los cuales se queda en la Tierra y el otro parte en un largo viaje por las estrellas a gran velocidad. Como la velocidad producirá un transcurso más lento del tiempo, al volver a la Tierra el astronauta será más joven que el que se ha quedado en la Tierra (dilatación del tiempo).

La paradoja que se plantea es que **el que va en la nave puede considerar que es el planeta Tierra el que se mueve** y ser su nave el sistema de referencia a tomar, **pudiendo razonar que es el hermano que se queda en la Tierra el que permanecerá más joven**.

El problema de las paradojas es que son una contradicción.

En lógica de primer orden se estudia la demostración de una falsedad por reducción al absurdo. Si a partir de unas premisas obtengo una contradicción es que alguna de las premisas es falsa.

Esta paradoja ha sido muy discutida, pero me gustaría oír vuestras opiniones.
¿Cual es la premisa falsa en este caso?

[JAVIER]
LA PREMISA FALSA ES "LA TIERRA Y LA NAVE SON SISTEMAS INERCIALES"
Esto no es verdad, veréis que la nave no es inercial y por tanto no entra en la cobertura del principio especial de relatividad....

NO EXISTE LA PARADOJA porque las leyes de la relatividad especial requieren que los sistemas involucrados (K y K', o la Tierra y la nave espacial) mantengan su estado inercial como movimiento relativo, ¡¡ya que, si no, dejarían de ser inerciales y no podríamos usar esta teoría para analizar el problema!!. Esto es, si queremos comparar el tiempo transcurrido en un sistema K con el de otro K', ¡¡deberemos parar alguno para que estén en reposo entre sí y entonces poder comparar!!.

Esto implica que uno de los dos sistemas (en este caso la nave) es acelerado con respecto al otro, ya que inicialmente están en reposo relativo, luego en movimiento relativo con velocidad $v < c$, y finalmente en reposo otra vez. Este hecho ROMPE LA SIMETRÍA de los dos sistemas: a pesar de que las aceleraciones y deceleraciones sí son recíprocas, las fuerzas sólo son aplicadas sobre la nave.

Debido a que la nave sufre las fuerzas y se acelera no puede considerarse en el mismo reposo que se considera la Tierra (en la nave no es válido el principio de la inercia), por tanto no puede aplicar la relatividad especial.

[ANGEL]
Pero si un sistema que sufre aceleraciones o fuerzas aceleradoras no se puede considerar inercial, entonces ¿acaso existe algún sistema inercial?

La realidad es que estamos rodeados de fuerzas gravitacionales continuamente y en todas partes provocadas por los planetas, las estrellas, las galaxias...

[MANUEL]
los sistemas en caída libre sí son localmente inerciales (Minkowskianos). Este es uno de los postulados de la relatividad general. De una manera matemática el espacio-tiempo es una variedad localmente Minkowskiana.

Yo creo que la mejor explicación de la Paradoja de los gemelos es ver que la línea de universo de cada gemelo tiene distinta "longitud". Creo que es lo que explica Javier. La otra manera de explicar la paradoja de los gemelos, con diagramas de espacio-tiempo, tiene problemas al intentar sincronizar los relojes del observador acelerado con el entorno(al menos a mi me da problemas).

[JAVIER]
En efecto, este postulado que dices es obviamente el PRINCIPIO DE EQUIVALENCIA:
"todo sistema de referencia en caída libre, es localmente un sistema inercial".

Esto quiere decir que, debido a la igualdad masa gravitatoria-masa inercial se puede considerar un sistema en caída libre como uno en ausencia de gravedad, pero sólo de forma local. Significa que, en todo instante, un sistema en movimiento por efecto de la gravedad puede considerar que la física de su entorno (espacio-temporal) le permite usar las leyes de la Relatividad especial. ASÍ QUEDA JUSTIFICADA LA EXISTENCIA DE INFINIDAD DE ESTOS SISTEMAS Y LA VALIDEZ DE APLICACIÓN DE LA TEORÍA ESPECIAL.

No debemos olvidar que la relatividad especial por sí sola es un modelo matemático restringido a un universo de sistemas inerciales que no se detienen nunca unos con respecto a otros, y sin perturbación (gravitatoria) mutua. Como en muchos casos, y para cantidad de experimentos reales en que son despreciables los efectos gravitatorios, las ecuaciones de la teoría especial se pueden considerar válidas ya que lo son con un grado de error tal, que es indetectable por las medidas reales...

La "ingravidez" no es otra cosa que un estado inercial. El estado natural de los cuerpos es el inercial: TODOS LOS CUERPOS DEL ESPACIO EXTERIOR QUE ESTÁN EN MOVIMIENTO POR INTERACCIÓN GRAVITATORIA SON SISTEMAS INERCIALES (unos más localmente que otros). Que se sientan inerciales, dota a los sistemas en caída libre el derecho de aplicar la relatividad especial.

[ANGEL]
Veo que la cuestión está en la definición de inercial: "Un sistema es inercial si mediante experiencias es incapaz de demostrar que está en movimiento".

Así tenemos que un sistema en caída libre es inercial "más o menos" o sea localmente (ya que habrá pequeñas diferencias de fuerzas gravitatorias entre la parte más cercana a la masa atractora y la más alejada) ya que el que cae no nota fuerza ni aceleración alguna. Bien, aceptemos esta premisa en principio.

Pero ahora me imagino que estoy cargado eléctricamente y que un campo eléctrico me empuja o atrae. No notaré fuerza alguna pues todo mi cuerpo es atraído o repelido. Sería igual que en la atracción gravitatoria. En este caso un electrón en caída libre atraído por un campo eléctrico positivo también debe de ser inercial pues no notará aceleración alguna.

Entonces no puedo evitar pensar en una paradoja de los gemelos modificada:

"Tenemos dos muones gemelos en nuestro CERN particular y a uno de ellos lo apartamos del otro mediante campos eléctricos y magnéticos acelerándolo en círculos hasta casi la velocidad de la luz y luego lo frenamos hasta casi pararlo y lo reunimos con su hermano gemelo que no fue acelerado. Como nuestro muon acelerado no ha sentido ninguna aceleración puede ser considerado inercial y puede pensar que su hermano fue el acelerado, pensando que entonces su hermano vivirá más que él." "Pero ¿cual de los dos vive más?"

Todos sabemos la realidad, y es que el viajero vivirá más. La paradoja de los gemelos se mantiene. o ¿solo son inerciales los que caen libremente en campo gravitatorio pero no en campo eléctrico?

[JAVIER]
Matizo que los mesones mu fueron los que se utilizaron en experimentos para comprobar la dilatación del tiempo, ya que aparecen en los rayos cósmicos y atraviesan la atmósfera, aunque también se usaron en los aceleradores.

El principio de equivalencia se basa en la igualdad de la masa inercial y la masa gravitatoria. Esto es, que la fuente que produce el campo gravitatorio, la masa gravitatoria o "carga" gravitatoria, es igual (al menos así se observa en la experiencia y se ha comprobado con un error menor de 1 parte entre 10^{12}) a la masa inercial, o la resistencia "intrínseca" de los cuerpos al movimiento.... Como el cociente masa grav./masa inercial es uno para todos los cuerpos materiales (con masa en reposo), todos caerán con la misma aceleración si se sueltan a la misma altura (obviamente en el espacio vacío).

Como la fuente del campo eléctrico no coincide con la masa inercial, esto no es posible. La fuerza eléctrica que sufre un electrón al "caer" hacia una carga positiva es proporcional a la carga del electrón. Igual que antes despejando la aceleración observamos un cociente: carga eléctrica/masa inercial. Obviamente esto no es 1 para todos los cuerpos, entre ellos los que no tienen carga.

Obviamente el Principio de equivalencia no se da para el campo eléctrico.

LA GRAVEDAD ES ESPECIAL. EL PRINCIPIO DE EQUIVALENCIA Y LA RELATIVIDAD ESPECIAL PERMITIERON ALCANZAR LA RELATIVIDAD GENERAL, UNA DESCRIPCIÓN DE MUCHAS COSAS, PERO ENTRE ELLAS DE UNA GRAVEDAD QUE NO ERA TAL. DEJÓ DE SER UNA FUERZA PARA CONVERTIRSE EN LA DINÁMICA DEL ESPACIO-TIEMPO. LA

GRAVEDAD ES GEOMETRÍA Y ACTÚA SOBRE TODAS LAS COSAS, INCLUSO SOBRE ELLA MISMA (se llama carácter no lineal de las ecuaciones). LAS DEMÁS FUERZAS (al menos como las conocemos) YACEN EN ESTE TEJIDO QUE FORMA EL UNIVERSO CONOCIDO.

[JAVIER]
En el espacio-tiempo la trayectoria que describen los sistemas de referencia se denomina línea de mundo o línea de universo. La longitud en el sentido de Minkowski de la línea entre dos sucesos, coincide con el tiempo propio del observador que la describe. Debido a la métrica minkowskiana cuando una línea de universo que une dos sucesos parece más larga que otra (lo parece porque usamos nuestra visión euclídea), el tiempo propio del observador de la línea larga medirá un tiempo entre los dos sucesos menor que el que mide el de la línea corta. De esta forma si originariamente las dos líneas de universo eran la misma (los gemelos están en reposo entre sí, marcando sus relojes el mismo tiempo) y se dividen en cierto suceso A (cuando uno de ello empieza a viajar, o los dos) cuando se vuelvan a juntar las dos líneas en un suceso B (cuando vuelven al reposo relativo), la que haya descrito una trayectoria más larga (en sentido euclídeo) marcará un tiempo menor que la otra trayectoria. El que se acerque más a la velocidad de la luz envejecerá menos porque tendrá una línea que se irá más hacia los lados, lo que aumenta su longitud euclídea con respecto a la otra, y por tanto disminuye su tiempo.

Como la longitud de una línea de universo es un invariante (ya que lo es el intervalo espacio-temporal), todo sistema de referencia, INERCIAL VISTO DESDE LA RELATIVIDAD ESPECIAL Y CUALQUIERA VISTO DESDE LA GENERAL, ESTARÁ DE ACUERDO EN CUAL DE ELLOS ENVEJECIÓ MENOS.

¡¡¡¡¡¡ ASÍ QUE NO HAY NINGUNA PARADOJA !!!!!!!

LO ÚNICO QUE EXISTE ES UNA INCORRECTA APLICACIÓN DE LAS LEYES CONOCIDAS

Para simplificar las cosas dibujo el diagrama espacio-tiempo de uno de los gemelos, el que se puede considerar inercial.

En el suceso A se separan. El otro gemelo se separa hasta un suceso C, en el que da la vuelta hasta encontrarse con su hermano en B. Las aceleraciones inicial y final no son significativas, lo importante es el cambio de dirección en C. Para llegar fácilmente al resultado que nos interesa consideramos la línea de mundo del gemelo en reposo en el origen al cuadrivector (aquí reducido a 2 dimensiones) AB, y la línea del otro como AC+CB(suma vectorial).

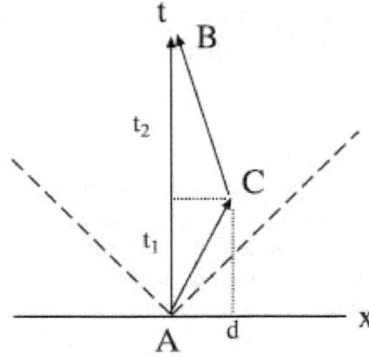

$$AB^2 = AB \cdot AB = \Delta t^2$$
$$AC^2 + CB^2 = \Delta \tau^2$$
$$AB = AC + CB$$

$$AB^2 = (AC+CB)^2 =$$
$$= AC^2 + CB^2 + 2AC \cdot CB =$$
$$= \Delta \tau^2 + \delta = \Delta t^2$$

Como * $\delta > 0$ tenemos que
$\Delta \tau^2 < \Delta t^2 \Rightarrow \Delta \tau < \Delta t$

* $AC = (t_1, d); CB = (t_2, -d) \Rightarrow AC \cdot CB = t_2 t_1 - d(-d)$, entoces
$AC \cdot CB = t_2 t_1 + d^2 > 0 \Rightarrow \delta = 2 AC \cdot CB > 0$

Hay un hecho muy importante: la distancia minkowskiana espacio-temporal o el módulo de los vectores es un invariante. De esto se deduce toda la relatividad especial. Uno de los resultados de demostración inmediata es que "la distancia minkowskiana de una línea de mundo tipo-tiempo coincide con el tiempo propio medido por el sistema de referencia que la traza".

NOTA: el "Principio de extrema edad" dice que la trayectoria que sigue un sistema inercial (relatividad especial) o en caída libre (general) es aquel cuyo tiempo propio es extremo (en general máximo), por tanto son sistemas inerciales aquellos que tienen líneas rectas como líneas de mundo en la relatividad especial. Al darse cuenta de que la gravedad, los sistemas no inerciales y la geometría curva estaban relacionados, Einstein encontró que los sistemas en caída libre deberían describir geodésicas, las cuales cumplen el principio de extrema edad y son las líneas más "rectas" sobre el espacio curvo.

[ANGEL]
Entonces quedamos en que la caída libre en un campo gravitatorio SI es inercial, no porque se sientan inerciales los objetos (el mesón mu y el electrón también se sienten inerciales al caer en un campo eléctrico), sino por la naturaleza del campo gravitatorio como deformación del espacio-tiempo y no como fuerza. Esto es porque estar en órbita a un planeta equivale a recorrer el camino más corto en el continuo espaciotemporal, lo que equivale a la línea recta espaciotemporalmente hablando. Lo que en el espacio normal es curvo, en el espaciotemporal es "recto".

[MARCELO]
Pero que pasa si se ponen en orbita dos astronautas con relojes idénticos, empleando órbitas con giros opuestos alrededor de la tierra (por todo lo demás las orbitas serían idénticas)?. Bien, los dos relojes deben atrasar con respecto al reloj estacionario. Y deben atrasar lo mismo porque el fenómeno no puede depender de si el giro es en el sentido de las agujas del reloj o el contrario.

Sin embargo, de acuerdo a la relatividad especial uno debe atrasar con respecto al otro debido a la traslación relativa. Einstein mismo aceptó durante el desarrollo de la teoría general, que, en primera aproximación la relatividad especial trabaja en sistemas sometidos a campos gravitatorios leves. De todos modos el problema es solo cualitativo. Los dos relojes están sometidos al mismo movimiento, pero se desplazan entre si. Según la RE cada uno debería observar que el otro atrasa. Pregunta: qué pasa cuando, completando cada giro, se enfrentan?. En ese caso la lectura de los relojes se hace en forma simultánea (a través de las escotillas enfrentadas). Y no es posible que cada uno observe que las lecturas del otro están atrasadas con respecto a las propias, pues ambos relojes coinciden en espacio y tiempo.

Resumiendo: Cada reloj debe atrasar con respecto al otro pues no hay gemelo "preferencial". Y sin embargo la lectura directa impide que ambos vean simultáneamente que el reloj del otro atrasa.

Consecuencia: !Paradoja!.

[ANGEL]
Y la verdad es que en este caso ambos gemelos serán sistemas inerciales, pues ambos están en órbita (si la definición de sistema inercial dada en anteriores mensajes es correcta, claro).

[ANGEL]
Hola Javier.

Usar las líneas de tiempo para comparar gráficamente lo que pasa en distintos sistemas está muy bien, pero no cambia nada. Tu sigues tomando un instante inicial con una línea de tiempo inicial de un sistema en "reposo" para luego dibujar las líneas de los gemelos al moverse y volver luego al reposo. Al fin y al cabo usas un sistema inicial como privilegiado respecto al cual se compara todo.

Esto está bien para la paradoja inicial aceptando que el que vuela no es inercial y no es reposo, pero para la última (la de Marcelo) no vale pues partimos de dos relojes sincronizados en vuelo orbital opuesto y no vuelven al reposo para hacer la comparación de relojes sino que la comparación se hace en pleno vuelo al cruzarse las órbitas. Si el sistema inicial o eje de tiempo inicial lo ponemos en uno de los gemelos en vuelo tendremos que el otro tiene una línea más larga y viceversa si lo ponemos en el otro.

NO se si me explico bien, pero esta última paradoja me parece irrompible a no ser que aceptemos que los sistemas en órbita tampoco son inerciales para el campo de aplicación de la relatividad especial en cuanto a sistemas equivalentes

[MARCELO]
Supongamos que la explicación clásica es correcta. Eso significa que si uno de los sistemas sufre aceleraciones diferentes al otro, se rompe la equivalencia entre sistemas en movimiento lineal relativo uniforme. En ese caso tambalea todo el edificio de la Relatividad.

Paso a explicarme. Las teorías cosmológicas aceptadas actualmente (Big-Bang-Inflación, etc) suponen que la expansión era uniforme al comienzo de la historia del cosmos. De este modo, para que dos sistemas se crucen en sus trayectorias actuales, tienen que haber sufrido cambios de velocidad en el pasado. Esto puede generalizarse diciendo que cuando dos sistemas se están moviendo uno con respecto al otro, esa traslación es el resultado de aceleraciones diferentes sufridas en algún momento de la historia previa de ambos sistemas.

Y no puedo creer que la paradoja de los gemelos se resuelve sólo porque conozco cuales fueron las aceleraciones previas. Debo entender que quienes adhieren a la explicación clásica aceptan que el sistema que no sufrió aceleraciones es un sistema privilegiado. Y en ese caso, dicho razonamiento nos llevaría a creer que existen sistemas privilegiados en el Universo: Aquellos que no sufrieron aceleraciones desde la creación del mismo!. Y no habría sistemas equivalentes puesto que cada uno sufrió cambios diferentes en la historia de velocidades.

De modo que, resumiendo, se puede decir que si la paradoja se resuelve por la vía convencional, es necesario aceptar que un sistema que sufrió aceleraciones pierde su equivalencia con respecto al sistema que no las sufrió (sus relojes marchan REALMENTE más lentamente). Consecuencia: se rompe la equivalencia de sistemas inerciales, dado que SIEMPRE existe una historia previa. Y cada sistema tiene la suya propia.

[JAVIER]
NO HAY NINGUNA PARADOJA CON LOS GEMELOS EN ÓRBITA, UNO VE AL OTRO DILATADO Y VICEVERSA.¡¡ ESTO ES RELATIVIDAD !! CUANDO QUERAMOS COMPARAR REALMENTE LOS RELOJES PROPIOS DEBEREMOS PONER-

LOS EN REPOSO RELATIVO, LO QUE IMPLICA QUE UNO DE ELLOS O LOS DOS, SE ACELEREN HASTA ALCANZAR EL REPOSO RELATIVO

[MARCELO]
No es cierto que es necesario detener a los gemelos en órbitas opuestas para comparar sus relojes. Si los dos llevan su reloj a la vista, ambos pueden sacar una foto en el momento de cruzarse. Y después se la pueden enviar por fax para que puedan poner una foto al lado de la otra.

No puedo creer que la paradoja de los gemelos se resuelve (no importa si en la Especial o en la General) sólo porque conozco cuales fueron las aceleraciones previas. Debo entender que quienes adhieren a la explicación clásica aceptan que el sistema que no sufrió aceleraciones es un sistema privilegiado. Y en ese caso, dicho razonamiento nos llevaría a creer que existen sistemas privilegiados en el Universo: Aquellos que no sufrieron aceleraciones desde la creación del mismo!. Y no habría sistemas equivalentes puesto que cada uno sufrió cambios diferentes en la historia de velocidades.

De modo que, resumiendo, se puede decir que si la paradoja se resuelve por la vía convencional, es necesario aceptar que un sistema que sufrió aceleraciones pierde su equivalencia con respecto al sistema que no las sufrió (sus relojes marchan REALMENTE más lentamente). Consecuencia: se rompe la equivalencia de sistemas inerciales, dado que SIEMPRE existe una historia previa. Y cada sistema tiene la suya propia.

[JAVIER]
EL MALDITO HECHO DE MIRAR O LO QUE SEA LOS RELOJES DEL OTRO NO ES PARADÓJICO YA QUE ES LA ESENCIA DE LA RELATIVIDAD. UNO VE AL OTRO DILATADO Y VICEVERSA, PORQUE SE VEN LOS TIEMPOS Y DISTANCIAS PROPIOS DILATADOS PARA QUE LA VELOCIDAD DE LA LUZ SEA c PARA AMBOS (y para que las leyes sean invariantes). ADEMÁS COMO DIJE, LA SIMULTANEIDAD TAMBIÉN ES RELATIVA, Y EL SUCESO DE COINCIDIR AMBOS EN ESPACIO Y TIEMPO ¡¡NO SIGNIFICA QUE COINCIDAN EN ESPACIO-TIEMPO!! COMO TAMBIÉN LAS LONGITUDES SE CONTRAEN, VISTO DESDE CADA UNO RECORREN DISTANCIAS DIFERENTES, COINCIDEN EN INSTANTES DIFERENTES Y RECIBEN TIEMPOS DEL OTRO DIFERENTES. ¡¡¡¡ TODO ESTO ES RELATIVOOOOOO !!! :-)

[MARCELO]
Yo digo, y perdón que también me repita, que si una nave pasa al

lado mío en determinado momento la nave no tiene que detenerse para que yo pueda afirmar que la pasada de la nave y la lectura de las agujas de mi reloj son simultáneas.

Y lo mismo puede hacer el habitante de la otra nave, usando su propio reloj. !!AMBOS RELOJES OCUPAN EL MISMO PUNTO DEL ESPACIO-TIEMPO EN EL SISTEMA DE COORDENADAS MIO Y EN EL SISTEMA DEL OTRO OBSERVADOR!!.

[ANGEL]
Yo me imagino algo parecido a lo de Marcelo: Supongamos una tierra en movimiento rectilíneo uniforme y dos satélites (paso ya de gemelos) en órbita opuesta a la misma velocidad respecto a la Tierra. Y me imagino cada uno lleva un reloj atómico que cada segundo emite una señal de radio que recibimos en la tierra y también recíprocamente en cada satélite. Al cabo de digamos un millón de órbitas en la tierra comparan el número de pulsos recibido de cada satélite, y es evidente que las dos cantidades serán iguales y mayores que el número de segundos transcurridos sobre la tierra desde el inicio de los pulsos. Además en cada satélite hacen la misma operación y comparan el número de pulsos recibido del otro y el enviado por él con la intención de comparar el ritmo del tiempo del otro satélite con el propio en vuelo (sin volver a la tierra, y envía la comparación a la tierra), y es evidente que las dos cantidades serán iguales (mejor dicho las cuatro cantidades). Con esto cada satélite VE que el otro satélite tiene un tiempo propio IGUAL al suyo.

Si embargo tal y como es la interpretación de la teoría cada satélite ve al otro con dilatación temporal, y viceversa, y debería medir relojes más elntos en satélite contrario.

La realidad no coincide con la interpretación.

Conclusión: algo falla, y en vez de preguntar ¿donde está premisa falsa?
daré varias posibilidades:

a) Los movimientos orbitales y caídas libres NO son sistemas inerciales puros y no se pueden usar como sistema de referencia inercial. Vamos que UN SATELITE EN ORBITA NO VALE COMO SISTEMA DE REFERENCIA EN REPOSO RELATIVO, sólo los movimientos rectilíneos uniformes espacialmente hablando (no espacio-temporalmente) son inerciales.

b) No, no. Cada satélite verá al otro dilatado y por lo tanto con tiempos más lentos, así que recibirá menos pulsos de los que emitirá, porque esto es lo que dice la relatividad.

c) La relatividad no vale. Ni sistema equivalentes ni inerciales: un sistema de referencia absoluto debe existir. Esperemos y aparecerá una demostración a la dilatación temporal y la contracción espacial y todo lo demás sin renunciar al sistema absoluto en reposo.

[MARCELO]
Angel,

Me quedo con la alternativa "C", con una variante. Lo que no vale no son las fórmulas de la relatividad, sino la interpretación que se hace de ellas (las inevitables paradojas lo muestran bastante claramente). Es perfectamente posible deducir las ecuaciones relativísticas a partir de modelos en que existe un medio soporte, aunque algo diferente al viejo y denostado Éter. Un ejemplo con álgebra muy muy simple lo puedes ver en http://www.geocities.com/macpetrol/

[ANGEL]
La cuestión es que el experimento de los satélites es realizable y podemos comprobar que "VE" cada satélite en vuelo.

¿Se ha hecho? Esto eliminaría un montón de dudas y discusiones de este tipo y desaparecerían del mundo todas las "interpretaciones no oficiales de la relatividad".

[JAVIER]
Sólo resaltar que los sistemas que cambian de dirección SÍ SON INERCIALES, SÓLO QUE CAMBIAN DE SISTEMA INERCIAL (las velocidades relativas, los sentidos de movimiento y la dirección cambian respecto al resto de sistemas) EL QUE UN GEMELO PASE DE UN SISTEMA A OTRO ROMPE LA SIMETRÍA ENTRE LOS GEMELOS, YA QUE LOS OTROS PERMANECEN EN UN SISTEMA INERCIAL; EL QUE QUIERA VOLVER DEBERÁ CAMBIAR DE SISTEMA INERCIAL, Y COMO DECÍA YO, EN EL PROCESO DE CAMBIO ES DONDE OCURRE LA DIFERENCIA ABSOLUTA (y no lo que ve cada uno) DE TIEMPOS PROPIOS.

De la misma forma se puede explicar mediante efecto Doppler (ver "Relatividad Especial", French, Editorial Reverté).

[ANGEL]
Por otro lado últimamente he leído algún artículo de cosmología en el que comentaban que dado que está claro que la Tierra da vueltas alrededor del Sol y el Sol alrededor del centro de la Galaxia, y el universo está en expansión, pues podemos a efectos prácticos tomar como sistemas de referencia básicos en cada galaxia su centro. Sin hablar de sistemas en reposo absoluto sino sistemas en "comovimiento". Así nuestro sistema de referencia para nuestra galaxia o sis-

tema en comovimiento será el centro de nuestra galaxia. Y a hora de paradojas desaparecen salvo al tratar con objetos de otras galaxias, pero esto ya entra dentro de las teorías cosmológicas y la paradoja tendría que plantearse dentro de esta o aquella teoría cosmológica.

[ANGEL]
Todos los mensajes anteriores sobre las paradojas de los gemelos, ya sea la paradoja inicial o cualquier otra variante (la de los muones o mesones mu, la de los relojes en orbitas opuestas) incluso la nueva que comenté que me rondaba y otra más que también tengo en mente, todos rondan el mismo problema: QUÉ ES UN SISTEMA INERCIAL Y QUÉ NO, y la sospecha de que no existe ningún sistema realmente inercial (la caída libre es inercial "localmente" solo).

Pues una posible solución está en que SI EXISTEN VERDADEROS SISTEMAS INERCIALES EN EL MÁS ESTRICTO SENTIDO.

La tierra gira alrededor del sol, el sol alrededor del centro de la galaxia y ésta se mantiene en cierto equilibrio gravitacional con respecto al cúmulo de galaxias vecinas formando el llamado GRUPO LOCAL DE GALAXIAS.

Los cúmulos de galaxias o galaxias (según el caso) se separan unas de otras, pero se podría decir (de hecho muchos cosmólogos lo dicen) que en realidad no se mueven las galaxias sino que es el espacio entre galaxias el que crece. O sea que las galaxias o cúmulos pueden considerarse EN REPOSO.

AHÍ TENEMOS NUESTROS SISTEMAS DE REFERENCIA INERCIALES: LOS CÚMULOS DE GALAXIAS o su centro de gravedad si preferís.

Y de momento no se me ocurre ninguna paradoja de gemelos intergaláctica.

Y esto no va en contra de la relatividad sino que discute qué es inercial y que no, que al fin y al cabo es lo pretendía desde el primer mensaje sobre los gemelos.

SE ACABARON LAS PARADOJAS DE GEMELOS y también qué aprecia un gemelo o que aprecia el otro, pues ninguno es inercial. Y no hay un tiempo "absoluto" sino un tiempo GALÁCTICO o de cúmulo y todos en su interior o cercanías se comparan con él. Sería el sistema de referencia con el que nos sentimos más "cómodos" para trabajar.

[JAVIER]
LO QUE EXPLIQUÉ SOBRE LOS SISTEMAS SE DA EN TODOS, SÓLO ES UN POCO MÁS COMPLICADO, PERO LA ES-

ENCIA DE RELACIÓN DE TIEMPO Y LO QUE VE CADA UNO NO DEPENDE DE QUE SEAN INERCIALES O NO.

NO TE PREOCUPES MÁS POR EL TEMA, SUPONIENDO QUE NO EXISTAN SISTEMAS INERCIALES SE RESUELVE DE LA MISMA FORMA.

Las galaxias y los cúmulos de galaxias seguirán siendo sistemas inerciales locales, puesto que están en caída libre, ya que gravitan entre sí (las galaxias se atraen). Si crees que estos sistemas sí los puedes considerar inerciales, también debes creer al sol y a la Tierra y a una nave en órbita sistemas inerciales puesto que están en las mismas condiciones ya que todos se ven afectados por todos por la gravedad.

Si quieres elegir sistemas inerciales grandes como la galaxia para resolver las paradojas, genial, pero debes tener en cuenta, que como ya he dicho, las paradojas se resuelven dentro de la relatividad general sin problemas, teoría que niega la existencia de sistemas inerciales globales.

Si tu problema es resolver las paradojas desde la propia relatividad especial, reitero lo que dije sobre los modelos: la relatividad especial supone un universo construido por sistemas inerciales globales. Este no es el caso de nuestro universo de "inercialidad local".

Yo, EN SERIO, dejaría de darle vueltas, la teoría general se libra de todo lo que quieras, SIN TENER QUE ELEGIR SISTEMAS INERCIALES.

[MANUEL]
-¿Es la paradoja de los gemelos realmente una paradoja?

No!. Ya que como he dicho anteriormente ya está resuelta. La falacia está en que intentamos aplicar la RE(relatividad especial) a un SR donde no es aplicable.

Encontrareis una discusión bastante completa en: A FIRTS COURSE IN GENERAL RELATIVITY. Bernard F. Schutz. p28. Donde la explica con diagramas de Minkowski. Yo soy más partidario de comparar las longitudes de las líneas de universo ya que es más elegante...

-¿Existen los observadores inerciales?

Sí! desde un punto de vista científico ya que siempre podremos idear algún experimento para conseguir un SR inercial. Por ejemplo un observador en caída libre es localmente inercial y este solo experimenta fuerzas de marea que se anulan en el centro del SR.

[ANGEL]

Llevo unos días elaborando un documento sobre la paradoja de los gemelos a partir de diagramas espacio-temporales.

En lo que a mi respecta ya está todo aclarado, aunque para la última parte veréis que se llega a ciertas conclusiones un poco "extrañas".

lo he puesto en mi página web y podéis verlo en http://www.relatividad.org/bhole/paradoja-de-los-gemelos.html

[MARCELO]
Lo cierto es que tu planteas que durante esa aceleración, Rosa (vista por Verde) recupera todos los años del desfasaje. La "incompatibilidad" se produce en que las condiciones del giro en Q son independientes de si Q se encuentra a 4 años luz o a 40 años luz o a 400 años luz (si las gemelas son adecuadamente longevas), pues el desplazamiento es a velocidad constante. Y en un caso Verde ve como Rosa envejece repentinamente (durante su giro en Q) 6.4 años, en el otro caso 64 años, y en el otro 640 años. (EN EL MISMO TIPO DE GIRO). Algo parece difícil de aceptar en esta situación.

Además para evitar análisis incompletos, el retorno en Q puede componerse de una frenada y una acelerada idénticas (aunque en sentido contrario) a la acelerada inicial y frenada final en la Tierra. De modo que supongo que cualquier fenómeno "extraño" que pueda aparecer en Q, debería tener algún tipo de correlato con lo que pasa en la Tierra.

[ANGEL]
Gracias a la página recomendada Ernesto he encontrado entre ellas ésta: [12] http://www.mathpages.com/rr/s4-07/4-07.htm

Que es sobre la paradoja de los gemelos y hace un recorrido histórico de los debates que se han ido planteando sobre el tema.

Es curioso como a medida que leía veía que aparecían los razonamientos y nuevas paradojas que llevamos planteando desde hace medio mes en el foro. Y las conclusiones también.

Lo que he deducido de la lectura es que bajo el prisma de la relatividad especial las paradojas son inevitables. SI HAY PARADOJAS. Y es que el propio principio de relatividad especial le da un estatus de privilegio a los sistemas inerciales, provocando un debate sobre el concepto de inercial y haciendo surgir múltiples paradojas (hasta nombra algo parecido a la de los gemelos en órbita como algo viejo, de la época de Einstein, y también una paradoja hasta extragaláctica que hecha por tierra lo propuse de galaxias como sistemas inerciales).

Ya en el tercio final dice: "... la relatividad especial era una teoría provisional con reconocidas anomalías epistemológicas. ... una de las dos principales razones de Einstein para abandonar la relatividad especial como un adecuado marco de trabajo para los físicos fue que está basada en la injustificada y epistemologicamente problemática asumción de una preferente clase de sistema de referencia....HOY LA "TEORIA ESPECIAL" EXISTE SOLO (APARTE DE SU IMPORTANCIA HISTORICA) COMO UN CONVENIENTE CONJUNTO DE AMPLIAMENTE APLICABLES FORMULAS PARA CASOS IMPORTANTEMENTE LIMITADOS DE LA TEORIA GENERAL, PERO LA JUSTIFICACIÓN FENOMENOLOGICA PARA ESTAS FORMULAS PUEDE SOLO SER ENCONTRADAS EN LA TEORIA GENERAL."

Vamos! que la teoría especial NO VALE salvo las formulas de sus conclusiones y lo que tenemos que hacer es estudiar relatividad general.

También comenta antes que "En visión retrospectiva está claro que la relatividad especial nunca podía haber sido más que una teoría transicional" y que las discusiones sobre paradojas o sistemas inerciales no son entonces más que entretenidos ejercicios mentales sin mucho sentido.

Y al final podemos leer: "LA TEORÍA GENERAL REPRESENTA UN INTENTO DE PROVEER UN MARCO DE TRABAJO COHERENTE PARA RESPONDER TALES CUESTIONES" y que de momento el resultado solo es parcial y limitado para determinado modelo cosmológico.

Por último hablando de dos gemelos con órbitas intersectadas: "en cualquier punto de estos dos caminos geodésicos las leyes de la física son localmente idénticas, pero los caminos están incrustados diferentemente entre el "manifold" global, y esto es lo responsable de la diferencia entre las longitudes propias"

NOTA: "manifold". *En la enciclopedia británica encuentro : Manifolds and tensor bundles A manifold is a space that is covered by a finite or a countable number of coordinate charts with each point in a chart described by the real coordinates x 1, . . . , x n (called local coordinates) and such that when a point belongs to two charts and has two sets of local coordinates they are related by a transformation (see 272). Here the functions f i , with which the transformation is expressed...*

..."NO ES POSIBLE TRAZAR LA CLÁSICA DISTINCIÓN ENTRE RELATIVO Y ABSOLUTO"

Y ahora todo esto me recuerda a un conocido mío, Joaquín R., astrofísico haciendo su tesis doctoral, que cuando le pregunté un día por algún asunto sobre relatividad especial me dijo "Ángel, no pierdas el tiempo con la relatividad especial pues no vale para nada. Lo que tienes que hacer es estudiar la general que la engloba como un caso particular".

Y ¡adiós sistemas de referencia inerciales equivalentes, adiós! solo hay un sistema de referencia: el espacio-tiempo deformado por las masas.

PARA SABER MÁS:

En la página del autor podrás encontrar muchos enlaces a interesantes webs referidas a estos temas, incluso a los libros de Einstein on line en inglés:
http://www.relatividad.org/fisica.htm

BIBLIOGRAFÍA y Referencias

[1] Einstein, Albert B.. "Relativity: The Special and the General Theory.".(http://www.relatividad.org/bhole/relativity-einstein.pdf).

[1] Einstein, Albert B.. "Sobre la teoría especial y la teoría general de la relatividad." *Alianza Editorial* (1961).

[2] Einstein, Albert B.. "The Meaning of Relativity." (1946). (http://www.relatividad.org/bhole/EINSTEIN-meaning-of-relativity.-pdf)

[2] Einstein, Albert B.. "El significado de la relatividad." *Ed. Planeta Agostini* (1985).

[3] Einstein, Albert B.. "On the Electrodynamics of Moving Bodies." (1905) (http://www.fourmilab.ch/etexts/einstein/specrel/www/).

[4] Einstein, Albert B.. "Does the Inertia of a Body Depend upon its Energy?" (1905) (http://www.fourmilab.ch/etexts/einstein/E_mc2/www/).

[5] Einstein, Albert B.. "Mis ideas y opiniones." (1934).

[6] Weinberg, S.. "Gravitation and cosmology." *John Wiley & Sons, New York* (1972).

[7] Audouze, J. y otros, "Astrofísica en La Recherche." *Orbis, Barcelona* (1987).

[8] Motz, Lloid. "El Universo (su principio y su fin)" *Orbis, Barcelona* (1986).

[9] Hawking, Stefen W.. "La historia del tiempo." *Circulo de lectores, Barcelona* (1988).

[10] Narlikar, Jayant. "La estructura del universo." *Alianza Universidad, Madrid.* (1987).

[11] Narlikar, Jayant. "Fenómenos violentos en el universo." *Alianza Universidad, Madrid* (1987).

[12] Brown, K. "Reflections on relativity." (1999) (mathpages.com/rr/).

[13] Harrison, Edward. "Cosmology: The Science of the Universe." *Cambridge University Press* (2000).

[14] Ned Wright's Cosmology Tutorial (www.astro.ucla.edu/~wright/cosmo_01.htm).

[15] The Cosmological Models by Jeffrey R. Bondono.

[16] Supernova Cosmology Project (supernova.lbl.gov).

[17] Wilkinson Microwave Anisotropy Probe (WMAP), NASA (https://map.gsfc.nasa.gov).

[18] Harrison, Edward. "The redshift-distance and velocity distance laws" (1992).

[19] Lillo, Angel Torregrosa. "Relatividad fácil." *Editorial Club Universitario* (2002). ISBN: 9788484542186.

[20] Hawking, Stephen, "Agujeros negros y pequeños universos." *Ed. Plaza y Janés* (1993). ISBN: 9788401240690.

[21] R. V. Pound and G. A. Rebka, Jr.. ·Apparent Weight of Photons." *Phys. Rev. Lett. 4, 337* (1960).

[22] Reasemberg, R. D. et al. "Viking relativity experiment - Verification of signal retardation by solar gravity." *Astrophysical Journal vol. 234* (1979).

[23] LIGO, VIRGO and KAGRA collaboration. "GWTC-3: Compact Binary Coalescences Observed by LIGO and Virgo During the Second Part of the Third Observing Run." (2021).

[24] Hulse, R. A. ; Taylor, J. H.. "Discovery of a pulsar in a binary system." (1975).

[25] Duncan Farrah, Kevin S. Croker, ..., Chris Pearson, "Observational Evidence for Cosmological Coupling of Black Holes and its Implications for an Astrophysical Source of Dark Energy," *The Astrophysical Journal Letters 944: L31* (2023).

[26] Irwin I. Shapiro, "Fourth Test of General Relativity." *Phys. Rev. Lett. 13, 789* (1964).

[27] Marin, Carlos. "Cayendo hacia un agujero negro de Schwarzschild," *Avances en Ciencias e Ingeniería* (2009).

[28] Oppenheimer, J. R.; Volkoff, G. M. . "On Massive Neutron Cores". *Physical Review. 55 (4): 374–381* (1939).

[29] Hawking, Stephen William and Penrose, Roger. "The singularities of gravitational collapse and cosmology" *Proc. R. Soc. Lond. A314 529–548* (1970).

[30] Ghez et al. "Measuring Distance and Properties of the Milky Way's Central Supermassive Black Hole with Stellar Orbits" *The Astrophysical Journal vol. 689, no. 2* (2008).

[31] Pawel O. Mazur, Emil Mottola. "Gravitational Condensate Stars: An Alternative to Black Holes" (2001).

[32] A. Einstein and N. Rosen. "The Particle Problem in the General Theory of Relativity" *Phys. Rev. 48(73)* (1935).

[33] Paul Davies. "How to Build a Time Machine" *Ed. Viking* (2002).

[34] Hawking, Stephen W. "Black hole explosions?". *Nature. 248 (5443): 30–31* (1974).

[35] R. Penrose and R. M. Floyd, "Extraction of Rotational Energy from a Black Hole", *Nature Physical Science 229, 177* (1971).

[36] Hubble, Edwin. "A relation between distance and radia velocity among extra-galactic nebulae". *Mount Wilson Observatory* (1929).

[37] Bucher, P. A. R.; et al. (Planck Collaboration). "Planck 2013 results. I. Overview of products and scientific Results". *Astronomy & Astrophysics. 571: A1* (2013).

[38] Suzuki et al. "The Hubble Space Telescope Cluster Supernova Survey: V." *Supernova Cosmology Project, arXiv:1105.3470 [astro-ph.CO]* (2011).

[39] Perlmutter y Schmidt, "Measuring cosmology with Supernovae" *Supernova Cosmology Project, arXiv:astro-ph/0303428* (2003).

[40] Penzias, A.A.; R. W. Wilson (July 1965). "A Measurement Of Excess Antenna Temperature At 4080 Mc/s". *Astrophysical Journal Letters. 142: 419–421.*

[41] Einstein, A."Cosmological Considerations in the General Theory of Relativity". *Sitzungsber. Preuss. Akad. Wiss, Berlin (Math.-Phys.), 1917, 142-152.* (1917) .

[42] W. de Sitter, "On the relativity of inertia. Remarks concerning Einstein's latest hypothesis", *in: KNAW, Proceedings, 19 II, 1917, Amsterdam, 1917, pp. 1217-1225* (1917).

[43] Planck Collaboration. "Planck 2018 results. VI. Cosmological parameters". *Astronomy & Astrophysics. 641. page A6* (2020).

[44] The Planck Collaboration, "Planck 2013 results. XXVII. Doppler boosting of the CMB: Eppur si muove", *Astronomy, 571 (27): A27* (2014).

[45] U2 anisotropy experiment *https://aether.lbl.gov/www/projects/U2/*

[46] Risaliti, G., Lusso, E. "Cosmological constraints from the Hubble diagram of quasars at high redshifts". *Nat Astron 3, 272–277* (2019).

[47] Perlmutter et al. Measuremets of Ω and Λ from 42 high-redshift supernovae (1998)

[48] A. H. Guth, "The Inflationary Universe: A Possible Solution to the Horizon and Flatness Problems", *Phys. Rev. D 23, 347* (1981).

[49] Micha l J. Chodorowski, "Cosmology Under Milne's Shadow" (2005).

[50] Alasdair Macleod, "An Interpretation of Milne Cosmology" (2005).

[51] Benoit-Lévy, G. Chardin, "Introducing the Dirac-Milne universe" *A&A, 537 A78* (2012).

[52] Xu, Fan et al. "X-ray Plateaus in Gamma-Ray Burst Afterglows and Their Application in Cosmology." (2020).

[53] Hai Yu, et al. "Hubble parameter and baryon acoustic oscillation measuremen constrains on the Hubble constant, the deviation from…" (2018).

[54] Casado, Juan, "Linear expansion models vs. standard cosmologies:a critical and historical overview" *Astrophysics and Space Science* (2020).

[55] Wolfram Mathworld – Hypersphere. *https://mathworld.wolfram.com/Hypersphere.html*

[56] Kaluza, Theodor. "Sobre el Problema de Unidad en la Fisica (Zum Unitätsproblem der Physik)". *Sitzungsberichte der Preussischen Akademie der Wissenschaften* (1921).

[57] Heckmann, Otto. "Über die Metrik des sich ausdehnenden Universums" (1931).

[58] Einstein, A. and W. de Sitter. "On the relation between the expansion and the mean density of the universe" (1932).

[59] Alemañ-Berenguer, Rafael-Andrés. "The Spatial Infinity of the Universe: The Neglected Problem of Cosmology." (2023).

[60] H. Bond, et al., "HD 140283: A Star in the Solar Neighborhood that Formed Shortly After the Big Bang", *American Astronomical Society*, (2013).

[61] Lorentz, Hendrik Antoon. "Versuch einer Theorie der electrischen und optischen Erscheinungen in bewegten Körpern" (1895).

[62] Michelson, A. A.; Gale, Henry G."The Effect of the Earth's Rotation on the Velocity of Light, II.". *Astrophysical Journal 61: 140.* (1925).

[63] Monjo, Robert. "What if the Universe Expands Linearly? A local General relativity to Solve the "Zero Active Mass" problem" *The Astronomical Journal* (2024).

[64] Monjo, Robert and Campoamor-Stursberg, Rutwig. "Geometric perspective for explaining Hubble tension: theoretical and observational aspects" *Classical and Quantum Gravity, Volume 40, Number 19* (2023).

[65] Michelson, Albert A.; Morley, Edward W. . "On the Relative Motion of the Earth and the Luminiferous Ether". *Am. J. Sci. 34 (203): 333–345.* (1887).

[66] Einstein, A.. "Die Grundlage der allgemeinen Relativitätstheorie (The Foundation of the Generalised Theory of Relativity)". *Annalen der Physik 354 (7), 769-822* (1916).

[67] Torregrosa Lillo, Ángel. "Relatividad y Universo", *Editorial Club Universitario* (2010). ISBN: 9788484549208.

[68] Crotti, Marcelo A., Torregrosa Lillo, Ángel and Crotti, Guillermo E.. "Faster Than Light and the Third Postulate of Special Relativity". *Journal of Physics & Optics Sciences* (2024).

[69] Crotti, Marcelo A. "La Relatividad Conceptual". *Ed. Imprenta Villagra Hnos* (2005). ISBN 987-43-9582-6.

[70] Stepanian, A., Khlghatyan, Sh., Gurzadyan, V.G., "Lense-Thirring precession and gravito-gyromagnetic ratio". *Eur. Phys. Journal C, 80, 1011* (2020).

[71] Poincaré, H. "La theorie de Lorentz et le principe de la reaction.". Recueil de travaux offerts par les auteurs a H.A. Lorentz a l'occasion du 25`eme anniversaire de son doctorat le 11 decembre 1900, *Archives neerlandaises, 5. (1900).*

[72] Darrigol, Olivier. "The Genesis of the Theory of Relativity" (2005).

[73] Szabo, Laszlo E. "Lorentzian theories vs. Einsteinian special relativity - a logico-empiricist reconstruction".

AGRADECIMIENTOS FINALES

Quiero dar las gracias al grupo de relatividad de yahoogroups, ya extinto, por las interminables charlas que hemos tenido sobre relatividad y que han sido tan enriquecedoras para la elaboración de este libro, y en especial a Marcelo Crotti, al que ya hace tiempo que considero un amigo, obtenido a través de dicho grupo, a Rafael Alemañ por sus inestimables correcciones y sobre todo a mi madre que siempre me ha animado ha hacer lo que más me gustaba.

www.ingramcontent.com/pod-product-compliance
Lightning Source LLC
Chambersburg PA
CBHW060825170526
45158CB00001B/90